职业教育课程改革系列新教材

应用数学

（电类专业）

第2版

主　编　李惠贤　刘德力

副主编　杨淑巧　冯海霞

参　编　张敏卿　赵　芳　李花枝

主　审　卓凤良

机械工业出版社

本书根据教育部颁布的职业学校电类专业培养目标的要求编写，在第1版基础上修订而成，是职业教育课程改革系列新教材.

本书共6个模块，主要包括：数与集合、式与方程（组）、函数及函数图像、三角函数及其应用、电学中的"虚数"、逻辑代数基础. 另外，本书附有应用数学（电类专业）学习指导配合教学使用. 本书由专业技术人员会同一线数学教师共同编写，内容深入浅出，注重数学知识与专业知识的有机结合，突出了数学在生产中的应用.

本书既可作为职业院校电类专业数学教材，也可作为职工培训及自学用书.

图书在版编目（CIP）数据

应用数学：电类专业/李惠贤，刘德力主编. —2 版. —北京：机械工业出版社，2020. 11

职业教育课程改革系列新教材

ISBN 978-7-111-66999-9

Ⅰ.①应… Ⅱ.①李…②刘… Ⅲ.①应用数学－职业教育－教材 Ⅳ.①O29

中国版本图书馆 CIP 数据核字（2020）第 239954 号

机械工业出版社（北京市百万庄大街 22 号　邮政编码 100037）

策划编辑：宋　华　责任编辑：宋　华　李　乐

责任校对：王　延　封面设计：陈　沛

责任印制：常天培

北京盛通商印快线网络科技有限公司印刷

2021 年 5 月第 2 版第 1 次印刷

184mm×260mm · 16.5 印张 · 388 千字

0001—2000 册

标准书号：ISBN 978-7-111-66999-9

定价：49.80 元（含学习指导）

电话服务　　　　　　　　　　网络服务

客服电话：010-88361066　　机 工 官 网：www.cmpbook.com

　　　　　010-88379833　　机 工 官 博：weibo.com/cmp1952

　　　　　010-68326294　　金 书 网：www.golden-book.com

封底无防伪标均为盗版　　机工教育服务网：www.cmpedu.com

本书第 1 版注意联系学生的现实生活与专业内容，帮助学生用数学的思维方法去观察问题、分析问题、解决问题，突出了"学以致用"的思想，强化了"以能力为本"的职业教育课程观．本书第 1 版自 2010 年出版以来，得到了广大师生的普遍认可．电类专业的学生认为学过本书第 1 版后再学专业课比较容易，电类专业课的教师对其评价也很高，认为它为学生专业课学习做了充分的专业性铺垫，很值得推广．

本书在第 1 版所具备特点的基础上进行了延伸，并且为了教师与学生使用起来更加方便，做了以下修改：

1）删除本书第 1 版中所有的闯关练习，增加"应用数学（电类专业）学习指导"用以辅助教学，分为课堂练习、闯关练习、模块自测题 3 个部分．"课堂练习"作为学生在上课时学完知识点的巩固之用，"闯关练习"作为学习能力强的学生能力提升之用，"模块自测题"作为学生学完模块后教师的摸底之用．

2）为了更适应学生学习，将本书第 1 版中的 4 个模块均修改为"基本知识""专业应用""小结" 3 个模块，并在"基本知识""专业应用"中设置应用实例以巩固知识．

3）为了使本书整体性更强，根据教学使用过程中总结的经验，对本书第 1 版部分内容进行了添加及修改．

本书根据教育部颁布的职业学校电类专业培养目标的要求编写，按 80 学时编制，主要面向职业院校电类专业学生．本书由李惠贤、刘德力担任主编，杨淑巧、冯海霞担任副主编，卓凤良担任主审．参加本书编写的还有张敏卿、赵芳、李花枝．

由于编者水平有限，书中若有不足之处，敬请批评指正！

编　者

数学课程是职业院校学生必修的一门公共基础课,目前使用中的教材多以完整的数学知识体系为基础编写,缺乏与专业实际的衔接,给学生的感觉是只做抽象的理论计算,体会不到数学在专业中的实际作用,缺乏学习的积极性和主动性.

职业教育对学生数学能力的要求及侧重点在于实用. 对于职业教育来说,数学应该具有日常应用、学习工具、思维培养3个目标,这就决定了职教数学学习要依从弱理论、重方法、强应用的发展方向. 本书是在"以素质教育为基础,以能力为本位,促进学生全面发展"的指导思想下编写的,在考虑知识系统性的基础上,淡化了理论,强化了应用,重视理论联系实际,以"够用、适度"为原则,使之更符合职业教育的培养目标. 本书从概念的引入到一些结论性内容的产生、从相关知识的应用到闯关练习的巩固,都注意联系学生的现实生活与专业内容,帮助学生用数学的思想方法去观察问题、分析问题、解决问题,突出了"学以致用"的思想,强化了"以能力为本"的职业教育课程观.

本书密切联系学生的生活实际和专业实际,使每个学生都能在原有知识水平的基础上得到提高,并得到全面而有个性的发展. 本书主要有以下几个特点:

1. 从"要我学"向"我要学"转化. 采用生活中的经验常识或专业中的浅显知识引出课题,吸引学生的学习兴趣.

2. 从"重知识"向"重能力"转化. 合理安排教材的知识和技能结构,采用趣味性或专业性实例来巩固知识点,引导学生应用所学知识解决生活及专业学习中的实际问题.

3. 从"重考核"向"重素质"转化. 课题中适时配有重点提示、应用实例、归纳小结、闯关练习等,层层深入,帮助学生提高自信心,有利于学生对相关知识的掌握和探索.

4. 从"重层次"向"重实际"转化. 注重与学生中学阶段基础不够牢固的实际相结合,帮助学生拾遗补缺,形成新的知识体系.

5. 从"知识性"向"趣味性"转化. 本书通俗易懂,强调由浅入深、循序渐进,力求做到图文并茂,书中配置了较多图片、表格,生动展示了各知识点,增强了教材的直观性、趣味性.

本书根据教育部颁布的职业学校电类专业培养目标的要求编写. 全书按80学时编制,主要供职业院校电类专业学生使用. 本书由刘德力、李惠贤担任主编,冯海霞、王国昌担任副主编,卓凤良担任主审. 参加本书编写的还有张娜、张敏卿、赵芳、李花枝.

由于编者水平有限,书中若有不足之处,敬请批评指正!

编　者

目 录

模块一　数与集合

　　我们从小学开始就一直在和数学打交道，数学的作用已经深深地融入到我们的工作和生活当中．任何职业技术的学习，都要有必要的数学基础，而且学无止境．可以说：数学是一门科学，更是一种工具．

　　本模块主要学习数与集合的基础知识，如实数的相关知识、不等式与集合、平方根、近似计算、指数及指数应用、对数及对数应用等，进一步巩固和加强数学基础，并能适时采用代数的运算法则或方法去解决生活和生产中的一些实际问题．让我们先认识一下实数的相关知识吧．

课题一　实数的相关知识

　　在进行电学分析或电路计算时，常常要确定电流的方向．但当电路比较复杂时，某段电路电流的实际方向往往难以确定，此时可先假定电流的参考方向，然后列方程求解电流，当解出值为正值时，表示电流的实际方向与所假设的参考方向一致；反之，当解出值为负值时，表示电流的实际方向与参考方向相反．这就用到了相反数的概念．

　　类似的例子还有很多，我们要在学习过程中一一认识它们、掌握它们、更好地利用它们．

知识要点

　　◎ 数轴定义

　　◎ 相反数、倒数定义

　　◎ 绝对值的表示方法

能力要求

　　◎ 认识数轴

　　◎ 学会相反数、绝对值的表示方法

　　◎ 学会利用相反数及倒数解决电学中的实际问题

基本知识

一、实数的分类

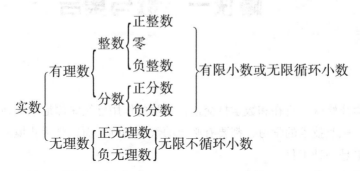

二、实数的相关概念

1. 数轴

规定了原点、正方向和单位长度的直线叫作**数轴**. 如图1-1所示.

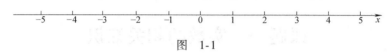

图 1-1

实数和数轴上的点是一一对应的. 数轴上的0表示原点，原点右边的数表示正数，原点左边的数表示负数. 数轴上任意两个点中，右边的点所对应的实数总是大于左边的点所对应的实数.

2. 相反数

在数轴上原点的两旁，并且到原点的距离相等的两个点所表示的两个数**互为相反的数**. 如果实数 $a \neq 0$，则称 a 与 $-a$ 互为相反数；如果 $a = 0$，它的相反数仍是 0.

若 a、b 互为相反数，则可表示为 $a + b = 0$.

例如，-1 和 1、-3.5 和 3.5、-101 和 101、…都互为相反数.

3. 绝对值

一个数 a 的绝对值就是数轴上表示 a 的点与原点的距离，数 a 的绝对值记作 $|a|$.

代数定义：

$$|a| = \begin{cases} a & (a > 0) & \text{正数的绝对值是它本身} \\ 0 & (a = 0) & \text{零的绝对值是零} \\ -a & (a < 0) & \text{负数的绝对值是它的相反数} \end{cases}$$

　　互为相反的数之和等于 0，即 $a + (-a) = 0$；互为相反的数的绝对值相等，即 $|a| = |b| \Leftrightarrow a = b$ 或 $a = -b$.

> 对任意实数 x，都有 $|x| \geq 0$.

4. 倒数

相乘等于 1 的两个数**互为倒数**，0 没有倒数.

例如：$5 \times \dfrac{1}{5} = 1$，则 5 与 $\dfrac{1}{5}$ 互为倒数.

【实例1】　某人因工作需要乘出租车从 A 站出发，先向东行驶6km至 B 处，后向西行驶10km至 C 处，接着又向东行驶7km至 D 处，最后又向西行驶2km至 E 处.

请通过列式计算回答下列两个问题：

（1）这个人乘车一共行驶了多远？

（2）这个人最后的目的地在出发地的什么方向？相隔多远？

解　用数轴来表示这一过程（记向东行驶的里程数为正），如图1-2所示.

图　1-2

（1）这个人乘车一共行驶了 $(6+10+7+2)\text{km} = 25\text{km}$.

（2）因为向东行驶的里程数为正，所以

$$(+6)\text{km} + (-10)\text{km} + (+7)\text{km} + (-2)\text{km} = +1\text{km}$$

这个人最后的目的地在出发地的正东方向，相隔1km.

专业应用

实数知识在电学中的应用很广泛，现举例说明其中两个方面的应用.

1. 相反数的应用

在分析与计算复杂电路时，计算前并不知道每条支路中电流的实际方向，可以任意假设支路的电流方向（参考方向），标在电路图上. 如果计算结果为正值，说明支路电流的实际方向与参考方向相同；如果计算结果为负值，说明支路电流的实际方向与参考方向相反.

为了计算方便，往往设定参考点，规定参考点的电位为零. 电位用符号 φ 表示，高于参考点的电位是正电位，低于参考点的电位是负电位. 如图1-3所示，设 b 点为参考点，则 a 点电位为1.5V，c 点电位为 -1.5V.

图　1-3

> 在电力系统中，常选大地作为参考点；而在电子设备中，一般以金属底板、机壳等公共点作为参考点. 在电路图中，常用符号"⊥"表示参考点.

2. 倒数的应用

阻止电荷流动的力量称为**电阻**，用 R 表示，单位为欧姆（Ω），简称欧．电阻的倒数称为**电导**，用 G 表示，其单位为西门子（S），简称西．

图 1-4 所示为并联电路，由初中所学知识可知：并联电路的总电阻的倒数等于各支路电阻的倒数之和．用数学表达式表示为

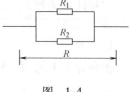

$$\frac{1}{R} = \frac{1}{R_1} + \frac{1}{R_2}$$

图　1-4

电阻与电导互为倒数，即 $G = \dfrac{1}{R}$．若用电导来进行描述则为：并联电路的总电导等于各支路电导之和．用数学表达式表示为

$$G = G_1 + G_2$$

【实例 2】 如图 1-5 所示，已知：$I_1 = 5\mathrm{A}$，$I_3 = 3\mathrm{A}$．求 I_4.

分析：图 1-5 所示电路，虽然很复杂，但总是通过两根导线与电源连接，而这两根导线是串联在电路中，所以流过它们的电流必然相等．若将一根导线切断，另一根导线中的电流也必然为零．我们可以引申一下，流进一点的电流和应等于流出的电流和，流进 b 点的电流等于流出 b 点的电流，用表达式表示为 $I_3 = I_4 + I_2$.

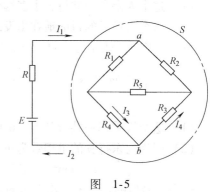

图　1-5

解 任意假设电流 I_4 的参考方向，由题意得

$$I_2 = I_1 = 5\mathrm{A}$$

列出节点电流方程为

$$I_4 = I_3 - I_2 = 3 - 5 = -2\mathrm{A}$$

电流 I_4 为负值，说明 I_4 的实际方向与参考方向相反．

　　电工进行工作时，只要穿绝缘胶鞋或站在绝缘木板上，不同时接触带电的两根导线，就能保证工作安全，不会有电流流过人体．

【实例 3】 如图 1-6 所示电路，已知：$R_1 = 8\Omega$，$R_2 = 4\Omega$.

（1）求 G_1、G_2、G.

（2）求 R.

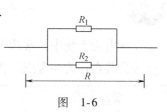

图　1-6

解 （1） $G_1 = \dfrac{1}{R_1} = \dfrac{1}{8}\mathrm{S} = 0.125\mathrm{S}$

$$G_2 = \frac{1}{R_2} = \frac{1}{4}S = 0.25S$$

$$G = G_1 + G_2 = 0.125S + 0.25S = 0.375S$$

(2)
$$R = \frac{1}{G} = \frac{1}{0.375S} = \frac{1}{\frac{3}{8}}\Omega = \frac{8}{3}\Omega$$

小 结

1. 数轴：规定了原点、正方向和单位长度的直线.

2. 相反数：在数轴上原点的两旁，并且到原点的距离相等的两个点所表示的两个数互为相反数.

3. 绝对值：一个数 a 的绝对值就是数轴上表示 a 的点与原点的距离，数 a 的绝对值记作 $|a|$.

4. 倒数：相乘等于 1 的两个数互为倒数，0 没有倒数.

课题二 不等式与集合

在选择熔断器（我们俗称的保险丝就是一种最简单的熔断器）时，一方面要保证设备的安全性，电路中电流超过一定值时，熔断器动作，能及时断开电路；另一方面要保证供电的持续性，很多产业供电中断会造成很大的经济损失. 熔断器的选择就是一个不等式问题.

知识要点
　　◎ 集合的含义及表示方法
　　◎ 不等式

能力要求
　　◎ 学会集合的表示方法
　　◎ 学会利用不等式解决电学中的实际问题

基本知识

一、不等式

1. 不等式的含义

表示两个量之间大小关系的符号叫作**不等号**. 用不等号"＞"（读作大于）、"＜"（读作小于）、"≥"（读作大于等于）、"≤"（读作小于等于）把两个算式连结起来的式子叫作**不等式**.

2. 不等式的分类

（1）**条件不等式**　一个不等式，如果只有用某些范围内的数值代替其中的字母，它才能够成立，这样的不等式叫作**条件不等式**.

例如，$x-3 \leqslant 0$，只有当 $x \leqslant 3$ 时才能成立.

（2）**绝对不等式** 一个不等式，不论用任何数值（字母允许值范围内的）代替其中的字母，它都成立，这样的不等式叫作**绝对不等式**.

例如，$2x^2+1>0$，因 $x^2 \geqslant 0$，故 $2x^2+1 \geqslant 1$，此不等式对于任何实数 x 都成立.

（3）**矛盾不等式** 一个不等式，不论用任何数值代替其中的字母，它都不成立，这样的不等式叫作**矛盾不等式**.

例如，$|a|+1<0$，$|a|$ 总是大于或等于 0，不等式不会成立.

又如，$4x^2+1<0$，不等式对于任何实数 x 都不能成立.

二、集合

1. 集合的概念

由某些确定的对象组成的整体叫作**集合**，简称**集**. 组成集合的对象叫作这个集合的**元素**. 例如，学生常用的 5 种文具：铅笔、铅笔刀、橡皮、直尺、水笔，我们可以说铅笔、铅笔刀、橡皮、直尺、水笔组成了学生常用文具的集合，铅笔、铅笔刀、橡皮、直尺、水笔都是这个集合的元素.

一般采用大写英文字母 A、B、C…表示集合，小写英文字母 a、b、c…表示集合的元素. 如果 a 是集合 A 的元素，称为 a **属于** A，记作 $a \in A$；如果 a 不是集合 A 的元素，称为 a **不属于** A，记作 $a \notin A$.

在数学中，由数字组成的集合称为**数集**，由方程或不等式的解组成的集合称为**解集**. 例如，由 2、4、6、8 组成的集合就是一个数集；由小于 10 的自然数组成的集合也是一个数集；由 1、 -1 组成的集合既是一个数集，也是方程 $x^2=1$ 的解集.

像方程 $x^2-1=0$ 的解集那样，含有有限个元素的集合叫作**有限集**；像自然数集那样，含有无限个元素的集合叫作**无限集**.

不含任何元素的集合叫作**空集**，记作 $\varnothing$. 例如，由大于 3 并且小于 2 的数组成的数集是空集.

一些常用的数集都有特定的表示方法，如表 1-1 所示.

表 1-1 常用的数集名称及符号

集合表述	集合名称	集合符号
自然数（非负整数）的全体	自然数集（非负整数集）	**N**
整数的全体	整数集	**Z**
正整数的全体	正整数集	$\mathbf{Z}_+$
有理数的全体	有理数集	**Q**
实数的全体	实数集	**R**
正实数的全体	正实数集	$\mathbf{R}_+$
负实数的全体	负实数集	$\mathbf{R}_-$

只含有元素 0 的集合是空集吗？

2. 集合的表示方法

（1）**列举法** 学生常用文具的集合可以表示为 ｛铅笔，铅笔刀，橡皮，直尺，水笔｝，这种表示集合的方法叫作**列举法**. 具体方法是：把集合的元素一一列举出来，写在大括号内，元素之间用逗号隔开. 例如，方程 $x^2-1=0$ 的解集，用列举法可表示为 ｛1，-1｝.

（2）**描述法** 怎样表示"由小于5的所有实数组成的集合"呢？显然小于5的实数有无穷多个，而且无法一一列举出来，因此需要采用一种新的方法来表示. 利用元素所具有的特征性质，将其表示为 $\{x \mid x<5, x \in \mathbf{R}\}$. 像这样，利用元素特征性质来表示集合的方法叫作**描述法**. 具体方法：在大括号内写出代表元素，然后画一条竖线，竖线的右侧写出元素所具有的特征性质.

（3）**区间法** 有4家企业（A、B、C、D）招聘电焊工，都要求年龄为18～40岁. 但各家企业对年龄要求是否包括18岁或40岁的解释并不相同. 设电焊工年龄为 x 岁，这4家企业提出的要求表示为

企业 A：18 岁 $\leqslant x \leqslant$ 40 岁；

企业 B：18 岁 $< x <$ 40 岁；

企业 C：18 岁 $\leqslant x <$ 40 岁；

企业 D：18 岁 $< x \leqslant$ 40 岁.

将这4家企业的要求推广到一般情况. 设年龄的下限为 a 岁，年龄的上限为 b 岁（$a<b$），则这4种要求分别为 $a \leqslant x \leqslant b$、$a < x < b$、$a \leqslant x < b$、$a < x \leqslant b$.

上述4个不等式可以对应实数 x 的4种集合. 这4种集合都可以用**区间**的形式来表示，实数 a 和 b 称为相应区间的**端点**. 这4种集合的具体规定如表1-2所示.

表1-2 集合的区间形式

名　称	闭 区 间	开 区 间	半闭半开区间	半开半闭区间
集合表示	$\{x \mid a \leqslant x \leqslant b\}$	$\{x \mid a < x < b\}$	$\{x \mid a \leqslant x < b\}$	$\{x \mid a < x \leqslant b\}$
区间表示	$[a, b]$	(a, b)	$[a, b)$	$(a, b]$
数轴表示	●———● a　　b	○———○ a　　b	●———○ a　　b	○———● a　　b

除上面提到的4种集合外，符号不等式 $x \geqslant a$，$x \leqslant b$，$x > a$，$x < b$ 的实数 x 的集合也可用区间表示，其表示方法与上面4种区间类似. 需要注意的是：这些区间只有一个端点，另一端对应数轴的无穷远处. 为此，我们规定：用符号"∞"表示无穷大，"$+\infty$"表示正无穷大，"$-\infty$"表示负无穷大. 例如，全体实数用区间法表示为（$-\infty$，$+\infty$）.

【实例 1】 （1）在数轴上，距离原点 3 个单位长度和 4.5 个单位长度的点各有两个，它们分别在原点两旁且关于原点对称. 画出这些点，并排列这些点所表示的数的大小.

（2）在数轴上画出大于 –4 但不大于 2 的数的范围，并指出这个范围内整数点所表示的整数.（注："不大于 2"的意思是小于或等于 2）

解 （1）数轴上，距离原点 3 个单位长度的点是 +3 和 –3，距离原点 4.5 个单位长度的点是 +4.5 和 –4.5（见图 1-7）.

图 1-7

由图 1-7 可以看出

$$-4.5 < -3 < 3 < 4.5$$

（2）在数轴上画出大于 –4 但不大于 2 的数的范围，如图 1-8 所示.

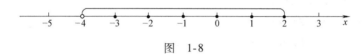

图 1-8

由图 1-8 知，大于 –4 但不大于 2 的整数是 –3、–2、–1、0、1、2.

在数轴上，空心的圈表示取值时不包括该点，实心的点则表示取值时包括该点. 例如，图 1-8 表示的范围是 $-4 < x \leq 2$.

【实例 2】 橘子的进价是 2 元/斤，销售过程中估计有 5% 的损耗，问商家至少要把价格定为多少，才能避免亏本？

解 设商家把橘子定价为 x 元/斤，根据题意，列不等式

$$x \geq 2 + 2 \times 5\% = 2.1$$

所以商家至少要把价格定为 2.1 元/斤，才能避免亏本.

专业应用

不等式在电学中的应用非常广泛，下面简单说明 3 个应用问题.

1. 电流表和电压表量程的选择

电流表用来测量电路中的电流，电压表用来测量电路中的电压. 在测量电路中的电流及电压时，要选择合适的量程. 若选择的量程小，则有可能使仪表过载，造成仪表损坏；若选择的量程大，则测量结果不准确.

选择电流表及电压表的原则是：①仪表的量程要大于被测物理量；②保证仪表的指针偏转到满量程的 $\dfrac{2}{3}$ 以上.

　　选择电流表及电压表的方法是：将量程转换开关置于高挡量程位置，逐渐减小量程，直到合适的量程为止.

2. 用电器正常工作的条件

电流通过输电线、电动机、变压器时，输电线、电动机、变压器线圈就会发热，不但消耗电能，还可能因温度过高而烧坏设备，因而生产厂家在生产各种设备时都规定了电压、电流、功率额定值. 额定值是保证电气设备长期安全工作的最大电压、电流和功率，分别称为**额定电压**、**额定电流**和**额定功率**. 电气设备的额定值通常标在一块金属牌（铭牌）上，固定在设备外壳上，如灯泡上"220V"和"40W"表示的是额定电压为 220V 和额定功率为 40W. 每个用电器的额定电压和额定功率值都只有一个，而实际电压和实际功率可以有无数个. 额定电压和额定功率与实际电压和实际功率的关系如下：

当 $U_{实} = U_{额}$ 时，$P_{实} = P_{额}$，用电器正常工作；

当 $U_{实} < U_{额}$ 时，$P_{实} < P_{额}$，用电器不正常工作；

当 $U_{实} > U_{额}$ 时，$P_{实} > P_{额}$，可能损坏用电器.

3. 晶体管正常工作的条件

晶体管有很多参数，其中 3 个极限参数是最重要的，分别为 I_{CM}、$U_{(BR)CEO}$、P_{CM}. 要想保证晶体管正常工作，这 3 个参数必须同时满足以下条件：$I_C < I_{CM}$，$U_{CE} < U_{(BR)CEO}$，$P_C < P_{CM}$，其中，$P_C = U_{CE}I_C$.

【实例3】　某机床电动机的型号为 Y112M—4，额定功率为 4kW，额定电压为 380V，额定电流为 8.8A，该电动机正常工作时不需要频繁起动. 若用熔断器为该电动机提供短路保护，试确定熔断器的规格. （提示：对不经常起动且起动时间不长的电动机的短路保护，熔体的额定电流应大于或等于 1.5～2.5 倍电动机额定电流. 即：$I_{RN} \geq (1.5 \sim 2.5)I_N$）.

　　熔断器容量的选用原则：熔断器的额定电压必须大于或等于线路的额定电压，熔断器的额定电流必须大于或等于所装熔体的额定电流，熔断器的分断能力应大于电路中可能出现的最大短路电流.

解 （1）选择熔体额定电流：由于所保护的电动机不需要经常起动，则熔体额定电流取为

$$I_{RN} \geqslant (1.5 \sim 2.5)I_N = (1.5 \sim 2.5) \times 8.8A = 13.2A \sim 22A$$

查电工手册可得熔体额定电流为 $I_{RN} = 20A$.

（2）选择熔断器的额定电流和电压，查电工手册可得额定电流为60A，额定电压为500V.

小　结

1. 不等式：表示两个量之间大小关系的符号叫作不等号. 用不等号"＞"（读作大于）、"＜"（读作小于）、"≥"（读作大于等于）、"≤"（读作小于等于）把两个算式连结起来的式子叫作不等式.

2. 用电器正常工作时的条件：当 $U_实 = U_额$ 时，$P_实 = P_额$.

3. 选择电流表和电压表量程的原则及方法.

课题三　平方根、近似计算

嫦娥奔月、大漠飞天……飞天梦，与中华民族的沧桑历史一样悠远。2019年9月28日"天宫一号"奔向太空，中国人朝实现全面载人航天飞行能力迈出意义非凡的一步. 那么，你们知道宇宙飞船离开地球进入轨道正常运行的速度是在什么范围吗？这时它的速度要大于第一宇宙速度 v_1 而小于第二宇宙速度 v_2. v_1、v_2 的大小满足 $v_1^2 = gR$、$v_2^2 = 2gR$，怎样求 v_1、v_2 呢？这就要用到平方根的概念.

> **知识要点**
>
> ◎ 二次根式的有关概念与性质
>
> ◎ 近似计算
>
> **能力要求**
>
> ◎ 认识二次根式
>
> ◎ 会用四舍五入法进行简单的近似计算
>
> ◎ 学会利用根式解决电学中的实际问题

基本知识

一、二次根式的有关概念与性质

1. 二次根式的有关概念

如果 $x^2 = a(a > 0)$，那么 $x = \pm\sqrt{a}$ 叫作 a 的平方根（二次方根）. 其中 $\sqrt{a}$ 叫作 a 的算术

平方根. 零的平方根是零.

非负数有平方根, 负数没有平方根.

2. 二次根式的基本性质

(1) $(\sqrt{a})^2 = a(a \geqslant 0)$;

(2) $\sqrt{a^2} = |a|$.

3. 二次根式的乘除运算

(1) $\sqrt{a} \cdot \sqrt{b} = \sqrt{ab}(a \geqslant 0, b \geqslant 0)$;

(2) $\dfrac{\sqrt{a}}{\sqrt{b}} = \sqrt{\dfrac{a}{b}}(a \geqslant 0, b > 0)$.

例如, $(\pm 6)^2 = 36$, 所以 36 的平方根是 ± 6; $(\pm 0.2)^2 = 0.04$, 所以 0.04 的平方根是 ± 0.2.

二、近似计算

1. 近似数

近似数是相对于准确数而言的. 在科技工作及生活实践中, 大量的数据都是近似数. 例如, 用测量工具测出的量、人口普查的结果等.

2. 精确度

近似数与准确数的接近程度可以用精确度来表示, 经常采用下面两种方法描述:

(1) **利用保留的数位来描述** 记作"精确到"某一个数位. 例如, 保留到小数的千分位记作精确到 0.001.

(2) **利用有效数字来描述** 从左边第一个非零数字起, 到右边保留的末尾数字止, 每一位数字, 都叫作**有效数字**. 这里"每一位数字"包括中间或在末尾的 0, 即 0 在非零数字之间与末尾时均为有效数字. 例如, 0.2060 有 4 个有效数字 2、0、6、0; 又如, 0.078 和 0.78 与小数点无关, 均有两个有效数字 7 和 8.

3. 取近似值的方法

"四舍五入法"是应用最广泛的取近似值的方法, 采用这种方法, 将保留的末位数字后面的数字舍去, 舍去部分左起第一位数字如果小于 5, 则舍去; 如果大于或等于 5, 则进位 1. 例如, 精确到 0.01 时, 0.4215 应舍去 15, 得到 $0.4215 \approx 0.42$; 0.456 应舍去 6, 但 6 大于 5 要进 1, 得到 $0.456 \approx 0.46$.

本书中基本都是采用"四舍五入法"取近似值.

【实例 1】 怎样用两个面积为 1 的小正方形拼成一个面积为 2 的大正方形？

分析： 将其中一个面积为 1 的正方形沿对角线剪开为 4 个等腰直角三角形，将每一个小等腰直角三角形的斜边拼在另一个面积为 1 的正方形的边上．如图 1-9 所示．

解 略．

图　1-9

 这个大正方形的边长应该是多少呢？除了上述方法，是否还有其他方法呢？（提示：将两个面积为 1 的正方形沿对角线剪开为 4 个等腰直角三角形，拼成边长为三角形斜边的正方形．）

【实例 2】 如图 1-10 所示，在一块正方形白铁皮的右上角切去一块边长为 2m 的小正方形．若余下部分的面积为 32m²，求这块正方形铁皮原来的边长．

分析： 求原正方形的边长，可由条件先求原正方形的面积，再利用算术平方根的意义求其边长．由题意可知，切去的小正方形的面积与余下部分面积的和等于原正方形铁皮的面积．

解 由题意可知，原正方形铁皮的面积为

$$32m^2 + 2m \times 2m = 36m^2$$

因为 $(\pm 6)^2 = 36$，根据题意 -6 舍去，所以原正方形铁皮的边长为 6m．

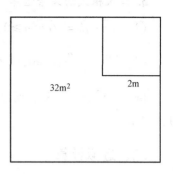

图　1-10

 已知正方形的面积求正方形的边长是平方根的简单实际应用之一．是求平方根还是算术平方根，应依据具体情况确定．本题实际上是求 36 的算术平方根．

【实例 3】 若数 a 的近似数为 1.6，则下列结论正确的是（　　）．

A. $a = 1.6$ 　　　　　　　　　　B. $1.55 \leqslant a < 1.65$

C. $1.55 < a \leqslant 1.56$ 　　　　　　D. $1.55 \leqslant a < 1.56$

解 近似数 a 的范围大于等于 1.55 而小于 1.65，故选 B．

【实例 4】 田民与孙兵的身高都约 1.8×10^2cm，但田民说："孙兵比我矮 9cm"这句话对吗？请说明理由．

解 有可能．

因为近似数 1.8×10^2 是从范围大于等于 1.75×10^2 而小于 1.85×10^2 中得来的，有可能一个是 1.75×10^2cm，而另一个是 1.84×10^2cm，所以有可能相差 9cm．

专业应用

只有当实际电压等于额定电压时，实际功率才等于额定功率，电气设备才能安全可靠、经济合理地工作。当实际电压大于额定电压时，通过电气设备的电流将大于额定电流，会影响电气设备使用寿命；而当实际电压小于额定电压时，也会导致电气设备不能正常工作。不能简单地认为实际电压高或实际电流大的电器所产生的热量一定大（或发光强度一定高）；应看功率的大小。例如 60W/36V 白炽灯和 40W/220V 白炽灯，当它们分别处于正常状态时，虽然前者的电压比后者低，但前者却比后者亮。又如，60W/36V 的白炽灯和 100W/220V 的白炽灯，当它们分别处于正常状态时，前者实际电流比后者大，但后者却比前者亮。

电功率是表明在单位时间内做功多少的物理量，用字母 P 表示，单位是 W，计算公式为 $P = W/t = UI$。当各用电器通过的电流相等时，用计算式 $P = I^2R$，可知电功率与电阻成正比；当各用电器的电压相等时，用计算式 $P = U^2/R$，可知电功率与电阻成反比。

电功率计算公式：$P = UI$、$P = I^2R$、$P = \dfrac{U^2}{R}$

【实例5】 一个额定值为 100Ω、100W 的电阻，允许流过的最大电流是多少？若把它接到 110V 的电源两端，能否安全工作？（假设电源内阻为零）

解 由电功率计算公式可知：
（1）允许流过的最大电流是

$$I = \sqrt{\frac{P}{R}} = \sqrt{\frac{100}{100}}\text{A} = 1\text{A}$$

（2）电阻两端的电压为

$$U = \sqrt{PR} = \sqrt{100 \times 100}\text{V} = 100\text{V} < 110\text{V}$$

由上式可知，电阻不能安全工作.

小　结

1. 平方根：如果 $x^2 = a(a > 0)$，则 $x = \pm\sqrt{a}$ 叫作 a 的平方根（二次方根）. 其中 $\sqrt{a}$ 叫作 a 的算数平方根. 零的平方根是零.

2. 取近似值的方法：四舍五入法.

3. 电功率的计算公式：$P = UI$、$P = I^2R$、$P = \dfrac{U^2}{R}$

课题四　指数及指数应用

对于 22^{15}，我们可以理解为 15 个 22 相乘，那么 $22^{\frac{2}{3}}$、$22^{-\frac{2}{3}}$ 的含义各是什么？还能理解为 $\frac{2}{3}$、$-\frac{2}{3}$ 个 22 相乘吗？在实际生活和学习中，在工程领域，经常会遇到这样的数，我们如何来理解并应用它呢？

> **知识要点**
> ◎ 指数的基本概念、运算法则
> ◎ 指数在电学中的应用
>
> **能力要求**
> ◎ 理解指数的基本概念、运算法则
> ◎ 学会简单指数计算
> ◎ 学会利用科学计数法进行电学单位换算

 基本知识

认识指数

1. 指数的概念

对于任意正整数 n，$a^n = \underbrace{a \cdot a \cdot a \cdot \cdots \cdot a}_{n\text{个}}$ （$a \in \mathbf{R}$），a^n 称为**幂**，a 叫作**幂底数**，n 叫作**幂指数**.

我们把正整数 n 进行扩展，就会出现如表 1-3 所示指数概念.

表 1-3　指数概念

正整数指数幂	$a^n = \underbrace{a \cdot a \cdot a \cdot \cdots \cdot a}_{n\text{个}}$ （$a \in \mathbf{R}$，$n \in \mathbf{N}_+$）
零指数幂	$a^0 = 1$（$a \neq 0$）
负整数指数幂	$a^{-n} = \dfrac{1}{a^n}$ （$a \neq 0$，$n \in \mathbf{N}_+$）
正分数指数幂	$a^{\frac{m}{n}} = \sqrt[n]{a^m}$ （$a > 0$，m，$n \in \mathbf{N}_+$，$n > 1$）
负分数指数幂	$a^{-\frac{m}{n}} = \dfrac{1}{\sqrt[n]{a^m}}$ （$a > 0$，m，$n \in \mathbf{N}_+$，$n > 1$）

2. 运算法则

指数运算法则如表 1-4 所示.

表 1-4 指数运算法则

乘法	$a^m \cdot a^n = a^{m+n} (a > 0, \ m, \ n \in \mathbf{R})$
除法	$\dfrac{a^m}{a^n} = a^{m-n} (a > 0, \ m, \ n \in \mathbf{R})$
幂	$(a^m)^n = a^{mn} (a > 0, \ m, \ n \in \mathbf{R})$
	$(ab)^n = a^n b^n (a > 0, \ b > 0, \ n \in \mathbf{R})$
	$\left(\dfrac{a}{b}\right)^n = \dfrac{a^n}{b^n} (a > 0, \ b > 0, \ n \in \mathbf{R})$

 $(ab)^n = a^n b^n$ 是把积的乘方变成了乘方的积，那么下列等式正确吗?

$$(a+b)^n = a^n + b^n$$

$$(a+b)^n = a^n \cdot b^n$$

3. 科学计数法

将近似数写成 $a \times 10^n (1 \leqslant a < 10)$ 的形式，叫作**科学计数法**，其中 a 的每位数字都是有效数字，当近似数大于 10 时，n 是一个正数，等于近似数的正数位数减 1（恰好是小数点向左移动的位数）；当近似数为正纯小数时，n 是一个负数，其绝对值为近似数中第一个不为 0 的数字前面的 0 的个数（恰好是小数点向右移动的位数）. 例如：$3470000 = 3.47 \times 10^6$，$0.00347 = 3.47 \times 10^{-3}$.

 纯小数：整数部分是 0 的小数. 例如，0.807、0.01 等.

【实例 1】 求值.

$8^{\frac{2}{3}}$; $100^{-\frac{1}{2}}$; $\left(\dfrac{16}{81}\right)^{-\frac{3}{4}}$.

解 $8^{\frac{2}{3}} = (2^3)^{\frac{2}{3}} = 2^{3 \times \frac{2}{3}} = 2^2 = 4$;

$100^{-\frac{1}{2}} = \dfrac{1}{100^{\frac{1}{2}}} = \dfrac{1}{(10^2)^{\frac{1}{2}}} = \dfrac{1}{10}$;

$\left(\dfrac{16}{81}\right)^{-\frac{3}{4}} = \left(\dfrac{2}{3}\right)^{4 \times \left(-\frac{3}{4}\right)} = \left(\dfrac{2}{3}\right)^{-3} = \dfrac{1}{\left(\dfrac{2}{3}\right)^3} = \dfrac{1}{\dfrac{8}{27}} = \dfrac{27}{8}$.

 除了 y^x 型指数，对于 $\dfrac{1}{x}$、10^x、e^x、x^2、$\sqrt{x}$、$\sqrt[3]{x}$、$\sqrt[x]{y}$ 等指数计算，能否算出来呢?（提示：可以先转化成指数形式，如 $\dfrac{1}{x} = x^{-1}$，$\sqrt{x} = x^{\frac{1}{2}}$，$\sqrt[3]{x} = x^{\frac{1}{3}}$，$\sqrt[x]{y} = y^{\frac{1}{x}}$.）

【实例2】 将以下数据用科学计数法表示.

学生1：在图书馆里查我国第5次人口普查数据得知，我国人口大约有1300000000人.

学生2：我国陆地面积约为9600000km².

学生3："银河一号"是我国第一台大型亿次计算机，计算速度为10000万次/s.

解 $1300000000 = 1.3 \times 10^9$；

$9600000 = 9.6 \times 10^6$；

$10000 万 = 1 \times 10^8$.

专业应用

我们都知道，电阻的国际单位是欧姆（Ω），人们为了方便，很多物理量不用国际单位制表示，例如，电动机的绝缘电阻为800kΩ. 但我们在学习的过程中，给出的各种公式是国际单位制，在电学中尤为如此，需要把各物理量转换为国际单位制再进行运算.

物理量除可以采用国际单位制外，为了使用方便，往往还有一些常用单位，如，电流的单位除A（安培）外，还有kA（千安）、mA（毫安）、μA（微安）. 它们同安培的换算关系为$1kA = 10^3A$，$1mA = 10^{-3}A$，$1\mu A = 10^{-3}mA = 10^{-6}A$. 电阻的单位除Ω（欧姆）外，还有kΩ（千欧）、MΩ（兆欧）. 它们同欧姆的换算关系为$1k\Omega = 10^3\Omega$，$1\Omega = 10^{-3}k\Omega = 10^{-6}M\Omega$. 表1-5列出了常用的单位制，表1-6列出了部分物理量常用的单位.

表1-5 常用的单位制

单位制	太	吉	兆	千	国际单位	毫	微	纳	皮
表示字母	T	G	M	k		m	μ	n	p
进位	10^{12}	10^9	10^6	10^3	10^0	10^{-3}	10^{-6}	10^{-9}	10^{-12}

表1-6 物理量常用的单位

名称	符号	国际单位制的单位名称及符号	常用单位
电流	I	安培（A）	A、mA、μA
电压	U	伏特（V）	kV、V、mV
电阻	R	欧姆（Ω）	MΩ、kΩ、Ω
电容	C	法拉（F）	μF、pF
电感	L	亨利（H）	mH、μH

【实例3】 家庭电路中，电能表用来测量用户消耗的电能。标有"220V 2000W"字样的电热水壶正常工作3min，消耗的电能为多少千瓦时？（电能的公式为 $W = Pt$）

解 根据电能公式

$$W = Pt = \left(2000 \times 10^{-3} \times \frac{3}{60}\right)kW \cdot h = 0.1kW \cdot h$$

小 结

1. 指数的概念

对于任意正整数 n，$a^n = \underbrace{a \cdot a \cdot a \cdot \cdots \cdot a}_{n\uparrow}$（$a \in \mathbf{R}$），$a^n$ 称为幂，a 叫作幂底数，n 叫作幂指数.

2. 指数的运算法则

（1）乘法：$a^m \cdot a^n = a^{m+n}$（$a>0$，m，$n \in \mathbf{R}$）

（2）除法：$\dfrac{a^m}{a^n} = a^{m-n}$（$a>0$，$m$，$n \in \mathbf{R}$）

（3）幂：$(a^m)^n = a^{mn}$（$a>0$，m，$n \in \mathbf{R}$）

$\qquad (ab)^n = a^n b^n$（$a>0$，$b>0$，$n \in \mathbf{R}$）

$\qquad \left(\dfrac{a}{b}\right)^n = \dfrac{a^n}{b^n}$（$a>0$，$b>0$，$n \in \mathbf{R}$）

3. 科学计数法

将近似数写成 $a \times 10^n$（$1 \leqslant a < 10$）的形式，叫作科学计数法，其中 a 的每位数字都是有效数字.

课题五　对数及对数应用

把一张纸对折 1 次，可以得到几张纸？折叠两次、3 次、4 次、……折叠多少次可以达到一座两层楼的 6m 高度呢？同学们一定认为不可能吧．如表 1-7 所示.

表 1-7

折次	1	2	3	4	5	6	7	8
纸张数	2	4	8	16	32	64	128	256
折次	9	10	11	12	13	14	15	16
纸张数	512	1024	2048	4096	8192	16384	32768	65536
折次	17	18	19	20	21	22	23	24
纸张数	131072	262144	524288	1048576	2097152	4194304	8388608	16777216
折次	25	26	27	28	29	30	31	32
纸张数	33554432	67108864	134217728	268435456	536870912	1073741824	2147483648	4294967296

一本书有 176 张，测一下厚度约 1cm，一张纸的厚度是多少呢？（保留 4 位小数）用 1 除以 176，得到一张纸的厚度是 0.0057cm．6m 就是 600cm，用它除以 0.0057 约等于 105263，可见折叠 17 次就超过了两层楼高.

如果用 N 表示纸张数，b 表示折次，那么变量 N 和 b 的关系式为 $N = 2^b$，通过前面的学习，我们知道 2 是底，b 称为指数．做纸张折叠的游戏中，列表的时候，首先知道折叠次数 b，然后求纸张数 N.

可以试试看，折叠多少次可以达到世界第一高峰珠穆朗玛峰的高度呢？我国约有 13

亿人口，折叠多少次可以达到这个数字呢？知道由 N（纸张数）来求 b（折叠的次数），苏格兰的奈皮尔首先提出了直接查表进行计算的思想，提出了对数的概念，并用 log 来表示对数.

知识要点

◎ 对数的基本概念、运算法则

◎ 对数在电学中的应用

能力要求

◎ 理解对数的基本概念、运算法则

◎ 学会简单对数计算

◎ 学会用对数相关知识解答问题

 基本知识

认识对数

1. 对数的概念

如果 $a^b = N(a>0,\ a\neq1)$，那么数 b 叫作**以 a 为底 N 的对数**，记作 $\log_a N = b$，其中 a 叫作**底数**（简称底），N 叫作**真数**.

例如，$2^x = 8$ 可变形为 $x = \log_2 8$，$\left(\dfrac{1}{2}\right)^x = 8$ 可变形为 $x = \log_{\frac{1}{2}} 8$.

2. 对数的相关知识

对数的相关知识如表 1-8 所示.

表 1-8　对数的相关知识

对数	如果 $a^b = N(a>0,\ a\neq1)$，那么数 b 叫作**以 a 为底 N 的对数**，记作 $\log_a N = b$
常用对数	以 10 为底的对数叫作**常用对数**，用 $\lg N$ 表示
自然对数	以无理数 $e = 2.71828\cdots$ 为底的对数叫作**自然对数**，用 $\ln N$ 表示

性　　质	法　　则
(1) $N>0$（零和负数没有对数） (2) $\log_a a = 1$（底数的对数等于 1） (3) $\log_a 1 = 0$（1 的对数等于 0） (4) $a^{\log_a N} = N$（对数恒等式）	若 $a>0$ 且 $a\neq1$，$M>0$，$N>0$，则： (1) $\log_a(MN) = \log_a M + \log_a N$ (2) $\log_a\left(\dfrac{M}{N}\right) = \log_a M - \log_a N$ (3) $\log_a M^p = p\log_a M\,(p\in\mathbf{R})$
换底公式	$\log_a N = \dfrac{\log_b N}{\log_b a} = \dfrac{\lg N}{\lg a} = \dfrac{\ln N}{\ln a}$

【实例1】 求值.

（1）$\log_5 \dfrac{1}{125}$；（2）$\lg 0.001$.

解 （1）$\log_5 \dfrac{1}{125} = \log_5 5^{-3} = -3$；

（2）$\lg 0.001 = \lg 10^{-3} = -3$.

专业应用

放大电路的**放大倍数**指的是放大器输出与输入的比值.

> 1）电压放大倍数是输出电压与输入电压的比值，用 $A_u = \dfrac{u_0}{u_i}$ 表示；
>
> 2）电流放大倍数是输出电流与输入电流的比值，用 $A_i = \dfrac{i_0}{i_i}$ 表示；
>
> 3）功率放大倍数是输出功率与输入功率的比值，用 $A_p = \dfrac{u_0 i_0}{u_i i_i}$ 表示.

若把放大器的放大倍数用对数表示叫作**增益**，分别为**电压增益**、**电流增益**及**功率增益**，单位为分贝（dB）. 在电信工程中，对放大器的三种增益做如下规定：

1）功率增益：$G_p = 10 \lg A_p \, \text{dB}$；

2）电压增益：$G_u = 20 \lg A_u \, \text{dB}$；

3）电流增益：$G_i = 20 \lg A_i \, \text{dB}$.

多级放大器的总电压放大倍数等于每一级电压放大倍数的乘积. 在很多场合，多级放大器的各级放大倍数是用增益表示的，在这种情况下，可以利用对数运算法则（$\lg ab = \lg a + \lg b$）来简化总的放大倍数的运算.

【实例2】 某多级放大器的各级电压增益为：第一级是20dB、第二级是30dB、第三级是35dB. 求该放大器总的电压增益.

解 该多级放大器总电压增益应为各级电压增益之和，即

$$G_u = (20 + 30 + 35) \text{dB} = 85 \text{dB}$$

【实例3】 已知某交流放大器的电压放大倍数 $A_u = 10$，电流放大倍数 $A_i = 100$，功率放大倍数 $A_p = 1000$. 试求该放大器的电压增益、电流增益和功率增益.

解 电压增益：$G_u = 20 \lg A_u = 20 \lg 10 = 20 \text{dB}$；

电流增益：$G_i = 20 \lg A_i = 20 \lg 100 = 40 \text{dB}$；

功率增益：$G_p = 10 \lg A_p = 10 \lg 1000 = 30 \text{dB}$.

运用放大器增益的概念，可以简化电路的运算数字位数，如功率放大倍数 $A_p = 10000$ 倍，用功率增益表示：$G_p = 10\lg A_p = 10\lg 10000 = 40\text{dB}$. 电子技术中许多场合常采用增益来表示放大器的放大能力. 在计算电路的增益时，若增益出现负值则表示该电路不是放大器而是衰减器.

【实例4】　某放大器输入电压为 12mV，输出电压为 1.2V. 求放大器电压增益.

解　$u_0 = 1.2\text{V} = 1200\text{mV}$；

$$A_u = \frac{u_0}{u_i} = \frac{1200}{12} = 100；$$

$$G_u = 20\lg A_u = 20\lg 100 = 20 \times 2 = 40\text{dB}.$$

小　结

1. 对数概念

如果 $a^b = N(a > 0，a \neq 1)$，那么数 b 叫作以 a 为底 N 的对数，记作 $\log_a N = b$，其中 a 叫作底数（简称底），N 叫作真数.

2. 对数运算法则

若 $a > 0$ 且 $a \neq 1$，$M > 0$，$N > 0$，则：

（1）$\log_a(MN) = \log_a M + \log_a N$；

（2）$\log_a\left(\dfrac{M}{N}\right) = \log_a M - \log_a N$；

（3）$\log_a M^p = p\log_a M$（$p \in \mathbf{R}$）.

3. 指数式与对数式中字母对应的关系为

$$
\begin{array}{ccc}
\text{指数式} & & \text{对数式} \\
\text{底} & \leftrightarrow & \text{底} \\
\text{指数} & \leftrightarrow & \text{对数} \\
\text{幂} & \leftrightarrow & \text{真数} \\
a^b = N & \Leftrightarrow & \log_a N = b
\end{array}
$$

模块二　式与方程（组）

数和式是数学的基础，在上个模块中，我们学习了数的知识，为以后的学习打下了坚实的基础．在本模块中，我们要学习关于式与方程（组）的知识．

课题一　代数式及其应用

同学们在电视中看过黑猫警长的动画片吗？其中有一个故事是这样的：在途中黑猫警长遇到了长为 3km 的两条路，第一条为平坦的路，第二条则由 1km 的上坡路和 2km 的下坡路组成，如上坡速度为 v km/h，平路上行进速度为上坡速度的 2 倍，即 $2v$ km/h，下坡速度为上坡速度的 3 倍，即 $3v$ km/h．问：（1）走第二条路需要多长时间？（2）走哪条路花费时间较长？

这个问题难倒了聪明绝顶的黑猫警长．同学们学习了今天这堂课，就可以帮黑猫警长算算时间了．

知识要点

　　◎ 整式、分式的概念、性质及运算法则

　　◎ 代数式的分类

　　◎ 整式、分式的应用

能力要求

　　◎ 理解整式、分式的基本概念、性质和运算法则

　　◎ 学会用整式、分式相关知识求解实际问题

基本知识

一、认识整式

1. 整式的相关概念

（1）**单项式**　由数和字母相乘形成的代数式叫作**单项式**．例如，$-xy$、$14a$ 等．单独的一个字母或数字也叫作单项式．例如，-5、$-b$ 等．

（2）**多项式**　几个单项式的和叫作**多项式**．例如，$ab+3ac-6$、$4x+6y$ 等．

在多项式中，每个单项式叫作**多项式的项**，包括符号在内不含字母的项叫作**常数项**，次数最高的项的次数叫作**多项式的次数**.

（3）**整式**　单项式和多项式统称**整式**. 整式是分母中不含有字母的有理式.

2. **整式的运算**

（1）整式的加减运算

1）同类项：在一个多项式里，所含字母相同，并且相同字母的指数也相同的项，叫作**同类项**. 例如，$-2xy$ 与 xy.

任何两个常数项都可以看作同类项.

几个单项式是否是同类项，与它们的系数无关，与字母的排列顺序也无关.

2）加减运算：把多项式中所有同类项合并成一项简称**合并同类项**.

合并的方法：把同类项的系数相加，所得的结果作为和的系数，字母和字母的指数不变.

3）去括号法则：括号前是加号，去掉括号时，括号内各项不变号；括号前是减号，去掉括号时，括号内各项都变号.

整式的加减运算，实际上就是合并同类项. 若有括号，先根据去括号法则去掉括号，再合并同类项.

例如：
$$2xy + x^2y - 6xy^2 + 2x^2y + 4xy - 3xy^2$$
$$= (2xy + 4xy) + (x^2y + 2x^2y) + (-6xy^2 - 3xy^2)$$
$$= 6xy + 3x^2y - 9xy^2$$

（2）**整式的乘法运算**

1）幂的运算法则：
$$a^m \cdot a^n = a^{m+n};$$
$$\frac{a^m}{a^n} = a^{m-n}(a \neq 0, \ m > n);$$
$$(a^m)^n = a^{mn};$$
$$(ab)^n = a^n b^n.$$

2）单项式乘单项式：单项式相乘，把系数的积作为积的系数，并把同底数的幂相乘，对于只在一个单项式里有的字母，连同其指数作为积中的一个因式.

例如：

$$\left(-\frac{2}{3}x^2yz\right)\cdot\left(\frac{3}{2}xy^2z^2\right)\cdot\left(-\frac{7}{10}x^3m\right)=\frac{7}{10}x^6y^3z^3m$$

3）多项式乘单项式：用单项式去乘多项式中的每一项，再把所得的积相加.

例如：
$$a(x+y+z)=ax+ay+az$$

4）多项式乘多项式：先用一个多项式的每一项乘以另一个多项式的每一项，再把所得的积相加.

5）常用的乘法公式：

平方差公式：$(a+b)(a-b)=a^2-b^2$；

完全平方公式：$(a\pm b)^2=a^2\pm2ab+b^2$；

立方和、立方差公式：$a^3\pm b^3=(a\pm b)(a^2\mp ab+b^2)$.

6）多项式的因式分解：①因式分解的定义为，把一个多项式化成几个整式的积的形式；②因式分解常用的方法有提取公因式法、公式法、十字相乘法、分组分解法、求根公式法.

例如：

$$
\begin{aligned}
2a^3b-8ab^3 &= 2ab(a^2-4b^2)\\
&= 2ab\left[a^2-(2b)^2\right]\\
&= 2ab(a-2b)(a+2b)
\end{aligned}
$$

二、认识分式

1. 分式的定义

设 A、B 表示两个整式，形如 $\dfrac{A}{B}(B\neq0)$ 的式子叫作**分式**，且 B 中含有字母.

2. 分式的性质

$$\frac{A}{B}=\frac{A\times N}{B\times N}\quad(\text{整式 }N\neq0)；$$

$$\frac{A}{B}=\frac{A\div N}{B\div N}\quad(\text{整式 }N\neq0).$$

3. 分式的符号法则

分式的分子、分母与分式本身的符号，改变其中的任何两个，分式的值不变.

4. 分式的运算

分式的加、减法：$\dfrac{a}{b}\pm\dfrac{c}{d}=\dfrac{ad}{bd}\pm\dfrac{bc}{bd}=\dfrac{ad\pm bc}{bd}$；

分式的乘法：$\dfrac{a}{b}\times\dfrac{c}{d}=\dfrac{ac}{bd}$；

分式的除法：$\dfrac{a}{b}\div\dfrac{c}{d}=\dfrac{a}{b}\times\dfrac{d}{c}=\dfrac{ad}{bc}$；

分式的乘方：$\left(\dfrac{a}{b}\right)^n=\dfrac{a^n}{b^n}$.

分式混合运算法则：

分式四则运算，顺序乘除加减；乘除同级运算，除法符号须变（乘）；乘法进行化简，因式分解在先，分子分母相约，然后再行运算；加减分母须同，分母化积关键；找出最简公分母，通分不是很难；变号必须两处，结果要求最简.

例如：不改变分式的值使下列式中的分子与分母都不含"－".

(1) $\dfrac{-3x}{-4y}$；(2) $\dfrac{-5}{2a}$；(3) $\dfrac{n}{-3m}$.

解 (1) $\dfrac{-3x}{-4y} = \dfrac{(-3x)(-1)}{(-4y)(-1)} = \dfrac{3x}{4y}$；

(2) $\dfrac{-5}{2a} = -\dfrac{5}{2a}$；

(3) $\dfrac{n}{-3m} = -\dfrac{n}{3m}$.

三、代数式有关概念

1. 代数式的定义

用运算符号，即加、减、乘、除、乘方、开方，把数字或表示数字的字母连接起来的式子叫作**代数式**.

2. 代数式的分类

$$代数式\begin{cases}有理式\begin{cases}整式\begin{cases}单项式\\多项式\end{cases}\\分式\end{cases}\\无理式\end{cases}$$

3. 代数式的值

用数值代替代数式里的字母，计算后所得的结果，叫作**代数式的值**.

例如：当 $m=-1$，$n=3$ 时，求代数式 $3m^2-2n+7mn$ 的值.

解 当 $m=-1$，$n=3$ 时，代数式 $3m^2-2n+7mn$ 的值为

$$3\times(-1)^2-2\times3+7\times(-1)\times3=-24$$

【实例1】（引言中的问题）有长度均为 3km 的两条路，第一条为平路，第二条由 1km 的上坡路和 2km 的下坡路组成. 问：(1) 走第二条路需要多长时间？(2) 走哪条路花费时间较长？

解 (1) 根据题意，由 $t=\dfrac{s}{v}$ 可知：

走第一条路所需时间为$\dfrac{3}{2v}$；

走第二条路所需时间为　$\dfrac{1}{v}+\dfrac{2}{3v}=\dfrac{3}{3v}+\dfrac{2}{3v}=\dfrac{5}{3v}$.

（2）由分式的性质$\dfrac{A}{B}=\dfrac{A\times N}{B\times N}$可知

$$\dfrac{3}{2v}=\dfrac{9}{6v},\ \dfrac{5}{3v}=\dfrac{10}{6v}$$

因为

$$\dfrac{9}{6v}<\dfrac{10}{6v}$$

所以

$$\dfrac{3}{2v}<\dfrac{5}{3v}$$

可见，走第二条路花费时间长.

【实例2】　电子实习室一张正方形的实验桌可坐4名学生，按照如图2-1所示的方式将桌子拼在一起，试回答下列问题.

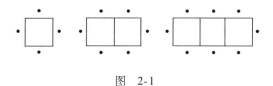

图　2-1

（1）两张实验桌拼在一起可以坐几名学生？3张实验桌拼在一起可以坐几名学生？n张实验桌拼在一起可以坐几名学生？

（2）一个实验室有32张这样的正方形实验桌，按图2-1所示的方式每4张拼成一张大实验桌，则32张实验桌可以拼成8张大实验桌，共可坐多少名学生？

（3）在上问中，若每4张实验桌拼成一个大的正方形，共可坐多少名学生？

（4）哪种拼实验桌的方式可以坐的学生更多？

解　（1）两张实验桌拼在一起可坐：$2+2+2=6$（名）；

3张实验桌拼在一起可坐：$2+2+2+2=8$（名）；

n张实验桌拼在一起可坐：$\underbrace{2+2+2+\cdots+2}_{(n+1)\text{个}}=2(n+1)=2n+2$（名）.

（2）按图2-1所示的方式每4张桌子拼成一个大桌子，一张大桌子可坐：$2\times4+2=10$（名）.

所以8张大实验桌可坐$10\times8=80$（名）.

（3）在第（2）题中，若每4张实验桌拼成一张大的正方形实验桌，则一张大正方形实验桌可坐8名学生，8张大正方形实验桌可坐$8\times8=64$（名）学生.

（4）由第（2）、（3）题比较可知，该实验室采用第一种拼摆方式可以坐的学生更多.

专业应用

我们选择了电专业，最离不开的就是万用表，它能测量电压、电流、电阻等多种电量，且都有多个量程，想想就很复杂，其实应用的就是电阻的串、并联. 模拟式万用表的表头能通过的电流很小，大约几微安，内阻也很小，大约$1\text{k}\Omega$. 我们知道：在串联电路中，各个电阻两端的电压与它的阻值成正比，即$\dfrac{U_1}{R_1}=\dfrac{U_2}{R_2}=\cdots=\dfrac{U_n}{R_n}$，阻值越大的电阻分配到的电压越大，反之电压就越小；在并联电路中，电路的总电阻等于各并联电阻的倒数之和，即 $\dfrac{1}{R} = \dfrac{1}{R_1} + \dfrac{1}{R_2} + \cdots + \dfrac{1}{R_n}$，电路中电阻并联越多总阻值越小. 这样，串分压电阻就可以测量较大直流电压，并分流电阻就可以测量较大直流电流了.

另外，电池也经常采取串并联的形式. 用电器的额定电压高于单个电池的电动势时，可将多个电池串联起来，如多节手电筒就是电池串联. 用电器需要电池能输出较大电流时，可将多个电池并联起来，如汽车上供起动用的蓄电池就采用了这种方式. 但不管是哪种连接方式，注意极性不能接反，想一想，原因何在？

【实例3】 如图2-2所示，计算混联电路总电阻（即等效电阻）.

分析： R_1 与 R_2 串联后再与 R_3 并联.

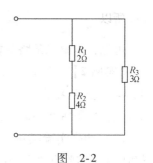

图　2-2

解
$$\frac{1}{R} = \frac{1}{R_1 + R_2} + \frac{1}{R_3}$$
$$= \frac{R_1 + R_2 + R_3}{(R_1 + R_2) \times R_3}$$
$$R = \frac{(R_1 + R_2) \times R_3}{R_1 + R_2 + R_3}$$

将已知数值代入后，得
$$R = \frac{(2+4) \times 3}{2+4+3}\Omega = 2\Omega$$

【实例4】 图2-3所示为阻容耦合三级电压放大器的框图，总放大倍数是各级电压放大倍数之积，求总放大倍数.（已知：电压放大倍数 $= \dfrac{输出电压}{输入电压}$）

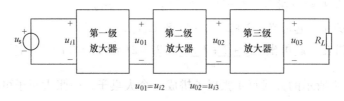

图　2-3

解 第一级电压放大倍数：$A_{u1} = \dfrac{u_{01}}{u_{i1}}$；

第二级电压放大倍数：$A_{u2} = \dfrac{u_{02}}{u_{i2}}$；

第三级电压放大倍数：$A_{u3} = \dfrac{u_{03}}{u_{i3}}$.

由图2-3可知：前级放大器的输出电压就是后级放大器的输入电压，即 $u_{01} = u_{i2}$，$u_{02} = u_{i3}$，三级放大器的总电压放大倍数为
$$A_u = A_{u1} \times A_{u2} \times A_{u3} = \frac{u_{01}}{u_{i1}} \times \frac{u_{02}}{u_{i2}} \times \frac{u_{03}}{u_{i3}} = \frac{u_{i2}}{u_{i1}} \times \frac{u_{i3}}{u_{i2}} \times \frac{u_{03}}{u_{i3}} = \frac{u_{03}}{u_{i1}}$$

1）阻容多级耦合电压放大器中，前级放大器的输出电压即为后级放大器的输入电压.

　　2）阻容多级耦合电压放大器的总电压放大倍数为末级电压放大器输出电压与第一级电压放大器输入电压之比.

小　结

1. 单项式：由数和字母相乘形成的代数式.

2. 多项式：几个单项式的和.

3. 整式：单项式和多项式统称**整式**. 整式是分母中不含有字母的有理式.

4. 分式：设 A、B 表示两个整式，形如 $\dfrac{A}{B}(B\neq 0)$ 的式子叫作分式，且 B 中含有字母.

5. 分式的基本性质：分式的分子与分母同乘以（或除以）一个不等于零的整式，分式的值不变；用式子表示为 $\dfrac{A}{B}=\dfrac{A\times C}{B\times C}=\dfrac{A\div C}{B\div C}$（其中 A、B、C 是整式，且 $C\neq 0$）.

课题二　二（三）元一次方程组及其应用

　　我国古代数学著作《孙子算经》中记载着这样一个"鸡兔同笼"的数学名题："今有鸡兔同笼，上有三十五头，下有九十四足，问鸡、兔各几何？"怎样来解答这个问题呢？学完这堂课的内容，我们就会很容易地解决这类问题.

知识要点
　　◎ 二元一次方程组及其解法
　　◎ 三元一次方程组及其解法
能力要求
　　◎ 掌握二元一次方程组的求解方法
　　◎ 掌握三元一次方程组的求解方法
　　◎ 学会依据实际问题列方程组并求解未知要素

基本知识

　　含有两个未知数，并且未知数的最高次数都是一次的整式方程称为**二元一次方程**. 任何一个二元一次方程都有无数组解.

一、二元一次方程组及其解法（表2-1）

表 2-1

二元一次方程组	两个二元一次方程组成的方程组. 二元一次方程组或者只有一组解，或者无解
常用形式	$\begin{cases} \text{二元一次方程} \\ \text{二元一次方程} \end{cases}$
解法	最基本的解法是代入消元法

例1：解方程组 $\begin{cases} 5x + 2y = 25 \\ 3x + 4y = 15 \end{cases}$.

解
$$\begin{cases} 5x + 2y = 25 \quad\quad\quad (1) \\ 3x + 4y = 15 \quad\quad\quad (2) \end{cases}$$

由式（1）得
$$y = \frac{25 - 5x}{2} \quad\quad\quad (3)$$

把式（3）代入式（2），得 $\quad 3x + 3 \times \dfrac{25 - 5x}{2} = 15$

即 $\quad\quad\quad\quad\quad\quad\quad 7x = 35$

所以 $\quad\quad\quad\quad\quad\quad\quad x = 5$

代入式（3），得 $\quad\quad\quad\quad y = 0$

即 $\quad\quad\quad\quad\quad\quad\quad \begin{cases} x = 5 \\ y = 0 \end{cases}$

 由两个方程组成的二元一次方程组的解，是这两个方程所表示直线的交点. 那么，由两个方程组成的二元一次方程组何时无解？

二、三元一次方程组及其解法（表2-2）

表 2-2

三元一次方程组	含有三个未知数，并且未知数的次数均为1的整式方程组
常用形式	$\begin{cases} \text{三元一次方程} \\ \text{三元一次方程} \\ \text{三元一次方程} \end{cases}$
解法	最基本的解法是代入消元法、加减消元法

例2：解方程组 $\begin{cases} x + y + z = 8 \\ x - y + z = 6 \\ 2x + y - z = 3 \end{cases}$.

解 $\begin{cases} x+y+z=8 & (1) \\ x-y+z=6 & (2) \\ 2x+y-z=3 & (3) \end{cases}$

由式（1）－式（2），得 $2y=2$

$y=1$

把 $y=1$ 代入式（2）、式（3），得 $\begin{cases} x+z=7 & (4) \\ 2x-z=2 & (5) \end{cases}$

由式（4）＋式（5），得 $x=3$

把 $x=3$ 代入式（4），解得 $z=4$

所以，原方程组的解为 $\begin{cases} x=3 \\ y=1 \\ z=4 \end{cases}$

解三元一次方程组的基本思路：对三元一次方程组中的一个未知数进行消元，将其转化为二元一次方程组，再采用代入消元法或加减消元法解这个二元一次方程组，最后将求得的两值代入方程组中任一方程，求第三个未知数的值.

【实例1】 某年级学生共有 246 人，其中男生人数 y 比女生人数 x 的 2 倍少两人，则下面所列的方程组中符合题意的有(   ).

A. $\begin{cases} x+y=246 \\ 2y=x-2 \end{cases}$ B. $\begin{cases} x+y=246 \\ 2x=y+2 \end{cases}$

C. $\begin{cases} x+y=216 \\ y=2x+2 \end{cases}$ D. $\begin{cases} x+y=246 \\ 2y=x+2 \end{cases}$

解 由题意可知，男生人数 y 人，女生人数 x 人.

男生和女生共 246 人，得 $x+y=246$.

男生人数 y 比女生人数 x 的 2 倍少两人，得 $2x=y+2$.

故选 B.

【实例2】 今有鸡兔同笼，上有三十五头，下有九十四足. 问鸡、兔各几只?

解 设有 x 只鸡，y 只兔，依题意可得

$$\begin{cases} x+y=35 \\ 2x+4y=94 \end{cases}$$

解得 $\begin{cases} x=23 \\ y=12 \end{cases}$

【实例 3】 一菜店有大白菜和萝卜共 147 筐，取出大白菜的 1/5 和 3 筐萝卜送给某学校，剩下的大白菜和萝卜的筐数相等．问菜店原有大白菜和萝卜各多少筐？

解 设菜店原有大白菜 x 筐，萝卜 y 筐，依题意有

$$\begin{cases} x + y = 147 \\ \dfrac{4}{5}x = y - 3 \end{cases}$$

解得

$$\begin{cases} x = 80 \\ y = 67 \end{cases}$$

专业应用

串联和并联是电路最基本的连接方式，很多看起来很复杂的电路用串、并联可以简化成特别简单的电路，但有些看起来很简单的电路却不是串、并联．是不是复杂电路，绝不能根据元件的多少来判断．复杂电路往往会有多个分支电路，每个分支电路的电流往往会不同．分支电路汇集的点是节点，在任意瞬间，流进某一节点的电流之和等于流出该节点的电流之和．

【实例 4】 已知一个并联电路由 3 个支路组成，其中 I_1、I_2、I_3 分别代表 3 个支路的电流，且满足方程 $\begin{cases} 2I_1 - 3I_2 + I_3 = 2 \\ 3I_1 + 2I_2 - 3I_3 = 18. \\ I_1 - 2I_2 + 2I_3 = 1 \end{cases}$

求 3 个支路电流 I_1、I_2、I_3 的值.

解
$$\begin{cases} 2I_1 - 3I_2 + I_3 = 2 & \text{(1)} \\ 3I_1 + 2I_2 - 3I_3 = 18 & \text{(2)} \\ I_1 - 2I_2 + 2I_3 = 1 & \text{(3)} \end{cases}$$

由式（2）+式（3），得 $\qquad 4I_1 - I_3 = 19$ $\qquad\qquad$ (4)

由式（1）×2 - 式（3）×3，得 $\quad I_1 - 4I_3 = 1$ $\qquad\qquad$ (5)

由式（4）、式（5）联立，得 $\begin{cases} 4I_1 - I_3 = 19 \\ I_1 - 4I_3 = 1 \end{cases}$

解得 $\begin{cases} I_1 = 5 \\ I_3 = 1 \end{cases}$

将其代入式（3），得 $\qquad I_2 = 3$

所以原方程组的解为 $\begin{cases} I_1 = 5 \\ I_2 = 3 \\ I_3 = 1 \end{cases}$

利用方程组解题应注意的问题：

1）方程组各方程中同一字母代表同一个量；

2）方程组的方程个数应与未知量个数相等；

3）"设"和"答"两步要写清楚数量的单位名称.

小　　结

　　1. 方程组的常规解法是：去括号、去分母、移项、合并同类项.

　　2. 解方程组的基本思路是"消元"，即把"二元"转化为"一元"，把"三元"转化为"二元". 消元的基本方法有两种：一是代入法，二是加减消元法.

模块三　函数及函数图像

世界上的事物千变万化，一个事物的变化经常依赖于另一个或几个事物的变化．例如，当我们购物时，在价格不变的情况下，应付购物款依赖于数量的变化；用电设备的耗电量随用电时间的增加而增加等．函数主要是研究变量与变量之间的对应关系，它是解决生活和工作中实际问题的重要数学工具之一．本模块将利用集合的知识重新认识函数，研究函数的概念、表示方法及性质，并通过实例了解函数在实际生活中的应用．

课题一　认识函数

在同一个自然现象或技术过程中，几个变量常常同时在变化，并且不是孤立地变化，而是相互联系、遵循一定的规律．例如，圆的面积 A 和半径 r 之间的关系由公式 $A = \pi r^2$ 给定，当半径 r 取定某一正值时，圆的面积 A 也有唯一确定的数值与之对应．圆的面积 A 与半径 r 两个变量之间的这种对应关系就是函数关系．

知识要点
　◎ 函数的概念及表示方法
　◎ 函数的性质

能力要求
　◎ 理解函数的概念和性质
　◎ 函数的实际应用，即把生活与学习中的实际问题抽象成数学模型，用数学语言解决实际问题

基本知识

1. 函数的概念

一般地，在某变化过程中有两个变量 x、y，并且对于 x 在某个数集 D（即 x 的取值范围）内每取任意一个确定的值，按照某个确定的对应法则 f，y 都有唯一的值与之对应，那么 y 就是 x 的函数．x 叫作**自变量**，x 的取值范围叫作**函数的定义域**，与 x 值对应的 y 的值叫作**函数值**．记作

$$y = f(x), x \in D$$

例如，在温度保持不变的情况下，一定量的气体的体积 V 与压强 p 的关系为 $V = \dfrac{C}{p}$（C 为常量）. 其中，体积 V 是压强 p 的函数，p 是自变量.

有时函数的对应关系也可以用 g、h 等字母表示. 例如，可以将 y 就是 x 的函数记为 $y = g(x)$，或者 $y = h(x)$，等等.

2. 函数的定义域

函数定义中的自变量 x 虽然可以取不同的数值，但往往是有一定限制的，我们把函数的自变量可取值的范围叫作这个**函数的定义域**.

求函数的定义域的几个原则：

1）分式中分母不等于 0；

2）偶次根式被开方数非负（即大于等于零）；

3）零次幂中底数不等于零；

4）在对数中真数大于 0，底数大于 0 且不等于 1.

例：求下列函数的定义域：

（1）$y = \sqrt{x-4}$；（2）$y = \dfrac{1}{|x| + 2}$.

解 （1）要使 $y = \sqrt{x-4}$ 有意义，需满足 $x - 4 \geqslant 0$.

解得 $\qquad\qquad\qquad\qquad x \geqslant 4$

所以，函数 $y = \sqrt{x-4}$ 的定义域是：$x \geqslant 4$.

（2）要使 $y = \dfrac{1}{|x| + 2}$ 有意义，需满足 $|x| + 2 \neq 0$.

因为 $|x| + 2$ 对于 x 取任何实数都不等于零，

所以，函数 $y = \dfrac{1}{|x| + 2}$ 的定义域是全体实数.

3. 函数的表示方法

（1）**解析法** 两个变量间的函数关系，有时可以用含有这两个变量的等式来表示，这种表示方法叫作**解析法**.

例如，汽车做匀速直线运动，速度 $v = 70 \text{km/h}$，找出距离 $s(\text{km})$ 与时间 $t(\text{h})$ 之间的函数关系式，即 t 为自变量，s 是 t 的函数. 用解析式表示函数 $y = f(x)$，等号右边的 $f(x)$

叫作**函数的解析式**，上例中解析式为 $s = 70t$.

用解析法来表示两个变量间的函数关系，优点是简单明确，便于用数学的方法进行研究，是我们主要采用的方法.

（2）**列表法** 许多实际问题中，两个变量间的函数关系式，不一定都能用解析法来简单表示.

例如，某地一天的温度随时间的变化而变化，在某个确定的时间 t，有一个确定的温度 T 与之对应，所以温度 T 是时间 t 的函数：$T = f(t)$.

如果我们大致了解这一天温度的变化情况，可以从 0 时起，每隔一段时间（例如每隔两个小时）观察一次，并且记录下来（单位：℃），如表 3-1 所示.

表 3-1

时间 t/h	0	2	4	6	8	10	12	14	16	18	20	22	24
温度/℃	-2	-6	-8	-6	-3	0	3	5	6	4	0	-3	-4

这种表格表示了当天温度和时间的函数关系. 用这种方法来表示两个变量间的关系，叫作**列表法**.

用列表法来表示两个变量之间的函数关系，优点是很容易找到某自变量对应的某一个函数值，缺点是往往不能把自变量的全部值都列在表里，因此也不可能把所有的函数值都列出来.

（3）**图像法** 在直角坐标系中，用一对有序实数 (x, y) 表示一个点，把这些点连起来表示 x 与 y 间的函数关系. 例如，某气象站用温度自动记录仪记录下来的 2008 年 11 月 29 日 0 时至 14 时某市的气温 T（℃）随时间 t（h）变化的曲线，如图 3-1 所示.

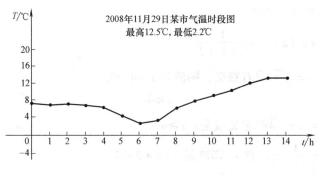

图 3-1

像这样，利用图像表示变量的函数关系，叫作**图像法**.

图像法的优点是可以明显地看出自变量变化时函数值的变化情况.

在数学里，我们主要运用解析法表示函数关系，但也经常结合列表法、图像法研究函数的性质.

利用函数的解析式做出函数图像的步骤.

1）列表：列表给出自变量与函数的一些对应值；

2）描点：在直角坐标系中，描绘出表中每一实数对所对应的点；

3）连线：按照自变量从小到大的顺序，把所描各点用平滑的曲线连接起来.

上述画出图像的方法叫作**描点法**.

采用描点法画函数图像时，顺次连接各点的线应平滑，不应是折线.

4. 函数的性质

对于给定区间上的函数 $f(x)$，如果对于属于自变量变化范围内的任意两个自变量的值 x_1、x_2，当 $x_1 < x_2$ 时，有 $f(x_1) < f(x_2)$，则 $f(x)$ 在这个变化范围内是**增函数**；当 $x_1 < x_2$ 时，有 $f(x_1) > f(x_2)$，则 $f(x)$ 在这个变化范围内是**减函数**.

【实例1】 我国是一个缺水的国家，很多城市的生活用水远远低于世界平均水平，为了加强公民的节水意识，某城市制定了每户每月用水收费（含用水费和污水处理费）标准，如表3-2所示.

表 3-2 单位：元/m³

水 费 种 类	用水量不超过10m³的部分	用水量超过10m³的部分
用水费	3.3	4
污水处理费	0.3	0.8

试写出每户每月用水量 $x(\text{m}^3)$ 与应交水费 y（元）之间的函数解析式.

分析： 由表3-2可以看出，用水量不超过10m³的部分和超过10m³的部分的计费标准是不同的，因此，需要分别在两个范围内进行研究.

解 分别研究在两个范围内的计算标准（见表3-3）.

表 3-3

x/m^3	$0 < x \leq 10$	$x > 10$
$y/$元	$y = (3.3 + 0.3)\,x$	$y = (3.3 + 0.3) \times 10 + (4 + 0.8) \times (x - 10)$

综合以上两种情况，将函数写作

$$f(x) = \begin{cases} 3.6x & 0 < x \leq 10 \\ 4.8x - 12 & x > 10 \end{cases}$$

【实例2】 一种商品共20件，采用网上集体议价的方式销售. 规则是这样的：商品的单价随着订购量的增加而不断下降，直至底价；每件商品的价格 x（元）与订购量 n（件）的关系是 $x = 100 + \dfrac{50}{n}$. 例如，在规定时间内只订购一件（$n = 1$），单价就是150元；而订购20件商品（$n = 20$）单价是102.5元.

（1）请写出该商品的销售总金额 y（元）和销售件数 n 之间的函数关系；

（2）求购买12件商品时的销售总金额.

解 （1）根据题意，该商品的销售总金额 y（元）和销售件数 n 之间的函数关系为

$$y = \left(100 + \frac{50}{n}\right) \times n = 100n + 50 \quad (1 \leqslant n \leqslant 20)$$

（2）将 $n = 12$ 代入上式，得 $y = 100n + 50 = 100 \times 12 + 50 = 1250$（元）.

总结以上两个例题，都是从实际生活引发的问题，解决问题时应先围绕如何建立函数关系式这一问题，从题目中获取所需信息.

一般情况下，数学建模的基本步骤：

1）审题：阅读理解，审清题意；

2）建模：简化问题，建立数学模型；

3）解模：用数学方法解决数学问题；

4）还原：根据实际情况说明数学结果.

专业应用

在专业学习过程中，涉及很多物理量之间量化关系的研究，先将实验数据建立表格模型，然后建立坐标轴进行描点，用光滑曲线连接起来形成图像模型，再利用图像特点回归到函数模型. 例如，研究欧姆定律电流、电阻与电压三者之间的量化关系. 先保持电阻一定时，改变电压值，得到相应的电流值填入表格；再保持电压一定时，改变电阻值，得到相应的电流值填入表格. 建立直角坐标系，将表格中的数据进行描点，再用光滑的线连接起来得出结论. 另外，基尔霍夫定律的验证、三极管静态工作点的确定、圣维南定理的验证等均可采用描点法得出相应结论.

函数模型是联系实际问题与数学的桥梁，具有解释、判断、预测等重要功能，函数模型是发现问题、解决问题和探索新规律的有效手段之一. 在工作与学习过程中，借助于数学图像的建立过程可得到自变量与因变量的关系.

小 结

1. 函数的概念

一般地，在某变化过程中有两个变量 x、y，并且对于 x 在某个数集 D（即 x 的取值范围）内的任意一个确定的值，按照某个确定的对应法则 f，y 都有唯一的值与之对应，那么 y 就是 x 的函数. x 叫作自变量，x 的取值范围叫作函数的定义域，与 x 值对应的 y 的值叫作函数值. 记作 $y = f(x)$，$x \in D$.

2. 函数的表示方法

函数的表示方法有解析法、列表法、图像法.

3. 解决实际问题的基本步骤

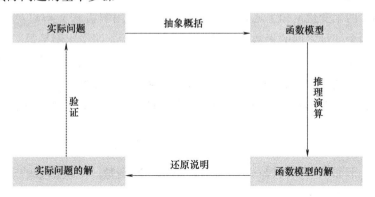

课题二 正比例函数、一次函数

大拇指与小拇指尽量张开时，两指尖的距离称为指距，如图 3-2 所示. 某项研究表明，一般情况下人的指距与身高之间有一定的函数关系，表 3-4 有这样一组数据.

表 3-4

指距 d/cm	20	21	22	23
身高 h/cm	160	169	178	187

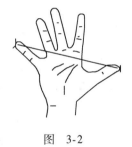

图 3-2

身高 h 与指距 d 之间的函数关系式：$h = kd + b (k \neq 0)$.

这样的函数关系式具体是什么呢？本课题将学习两种具体函数，学完再回来完成这个题目.

知识要点

◎ 正比例函数、一次函数的概念

◎ 正比例函数、一次函数的性质

◎ 正比例函数、一次函数的应用

能力要求

◎ 理解正比例函数、一次函数的概念和性质

◎ 正比例函数、一次函数的实际应用，即生活中的实际问题抽象成数学模型，用数学语言解决实际问题

◎ 正比例函数、一次函数在电学中的实际应用

基本知识

1. 正比例函数

一般地说，两个变量 y 和 x 之间的函数关系如果能用解析式 $y = kx$（$k \neq 0$ 的常数）来表示，那么这两个变量之间的函数关系叫作**正比例关系**，k 叫作**比例系数**.

例如，一个正方形周长为 P，边长为 a，周长 P 与边长 a 的函数关系式是 $P = 4a$.

因此，正方形周长 P 与边长 a 成正比例关系，4 为比例系数.

正比例函数的一般形式为 $y = kx$（$k \neq 0$），定义域为 **R**，值域为 **R**，图像为一条过原点的直线.

2. 一次函数

一般地说，形如 $y = kx + b$（$k \neq 0$）的函数叫作**一次函数**. 一次函数的定义域是 **R**，值域是 **R**，图像是一条直线.

在同一坐标系中作出 $y = 2x$、$y = 2x - 1$ 及 $y = 2x + 2$ 的图像.

（1）列表（表 3-5）

表 3-5

x	$\cdots$	-3	-2	-1	0	1	2	3	$\cdots$
$y = 2x$	$\cdots$	-6	-4	-2	0	2	4	6	$\cdots$
$y = 2x - 1$	$\cdots$	-7	-5	-3	-1	1	3	5	$\cdots$
$y = 2x + 2$	$\cdots$	-4	-2	0	2	4	6	8	$\cdots$

（2）描点、连线（图 3-3）

3. 直线 $y = kx + b$ 的斜率和截距

从图 3-3 可以看出，一次函数 $y = kx + b$（$k \neq 0$）的图像是一条平行于 $y = kx$ 的直线且过点 $(0, b)$.

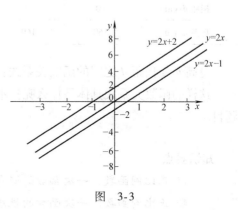

图 3-3

 利用其他方法能不能做出一次函数的图像呢？（提示：一次函数的图像是一条直线）

我们把 k 叫作直线 $y = kx + b$ 的**斜率**.

b 可以看作直线 $y = kx + b$ 与 y 轴的交点到原点的距离再加上相应的符号. 我们把 b 叫作直线 $y = kx + b$ 在 y 轴上的**截距**.

例：求直线 $y = -\dfrac{\sqrt{3}}{3}x - \dfrac{1}{3}$ 的斜率和它在 y 轴上的截距.

解 因为 $k = -\dfrac{\sqrt{3}}{3}$，$b = -\dfrac{1}{3}$，

所以，$y = -\dfrac{\sqrt{3}}{3}x - \dfrac{1}{3}$ 的斜率为 $-\dfrac{\sqrt{3}}{3}$，它在 y 轴上的截距为 $-\dfrac{1}{3}$.

正比例函数与一次函数的对比如表 3-6 所示.

表 3-6 正比例函数与一次函数对比

类　　别	正比例函数		一 次 函 数	
解析式	$y = kx\,(k \neq 0)$		$y = kx + b\,(k \neq 0)$	
定义域	$x \in \mathbf{R}$		$x \in \mathbf{R}$	
值域	$y \in \mathbf{R}$		$y \in \mathbf{R}$	
	$k > 0$	$k < 0$	$k > 0$	$k < 0$
图像				
	经过原点 $(0,0)$，斜率为 k 的直线		经过 $(0,b)$，斜率为 k 的直线	
单调性	在 $(-\infty, +\infty)$ 上是增函数	在 $(-\infty, +\infty)$ 上是减函数	在 $(-\infty, +\infty)$ 上是增函数	在 $(-\infty, +\infty)$ 上是减函数

　　一次函数 $y = kx + b\,(k \neq 0)$，当 $b = 0$ 时，这个函数是 $y = kx\,(k \neq 0)$，所以正比例函数是一次函数的特例.

【实例 1】 姚明的脚——你知道姚明的脚有多大吗？已知姚明穿的鞋是 56 码，你能根据给出鞋码与脚长转换表（见表 3-7）算出他的脚大约有多长吗？

表 3-7

脚长/cm	23.0	23.5	24.0	24.5	25.0	?
鞋码	36 码	37 码	38 码	39 码	40 码	56 码

解 （1）推测函数关系，设脚长为 x 时鞋码为 y，由 $y = kx + b$ 得

$$\begin{cases} 36 = 23k + b \\ 38 = 24k + b \end{cases}$$

解得

$$\begin{cases} k = 2 \\ b = -10 \end{cases}$$

（2）得出函数关系 $y = 2x - 10$

（3）验证函数关系

当 $y = 56$ 时，$56 = 2x - 10$，$x = 33$.

所以，姚明的脚为33cm.

【实例2】 人在运动时的心跳速率通常与人的年龄有关. 如果用 a 表示一个人的年龄，用 b 表示正常情况下这个人运动时所能承受的每分钟心跳的最高次数，那么 $b = 0.8\,(220 - a)$.

（1）正常情况下，一个16岁的学生在运动时所能承受的每分钟心跳的最高次数是多少？

（2）一个50岁的人运动10s时心跳次数为20次，他有危险吗？

分析：（1）只需求出当 $a = 16$ 时 b 的值即可.

（2）求出当 $a = 50$ 时 b 的值，再用 b 和 $20 \times \dfrac{60}{10} = 120$（次）相比较.

解 （1）当 $a = 16$ 时，

$$b = 0.8(220 - 16) = 163.2（次）$$

在正常情况下，一个16岁的学生在运动时所能承受的每分钟心跳的最高次数是163.2次.

（2）当 $a = 50$ 时，

$$b = 0.8(220 - 50) = 0.8 \times 170 = 136（次）$$

表明他最大能承受每分钟136次的心跳次数.

而 $20 \times \dfrac{60}{10} = 120 < 136$，所以他没有危险.

专业应用

一、正比例函数的应用

正比例在电学中应用非常广泛，其中电阻就是一个典型的例子.

1. 线性电阻

电阻值不随其两端电压和流过的电流而改变的电阻叫作**线性电阻**.

对线性电阻而言，$R = \dfrac{U}{I}$ 是个常数，所以，由 $U = IR$ 可知，U 与 I 是正比例关系.

若以电流 I 为纵坐标，U 为横坐标，得到的曲线称为**伏安特性曲线**. 由 $R = \dfrac{U}{I}$ 知：电阻 R 的伏安特性曲线是一条过原点的直线，如图 3-4a 所示.

2. 非线性电阻

阻值随其两端的电压和通过的电流而改变的电阻叫作**非线性电阻**.

例如，晶体二极管的电阻就是非线性电阻，它的正向伏安特性曲线如图 3-4b 所示.

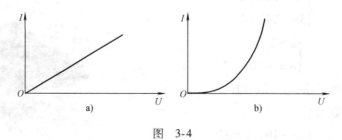

图　3-4

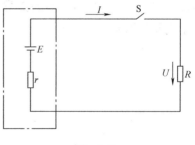

二、一次函数的应用

1. 全电路欧姆定律

我们经常用到的电池是有内阻的，将电源与负载 R 做简单的连接，如图 3-5 所示，构成一个全电路. 点画线框内表示有内阻的电源，其中，E 是电源电动势，r 是电源的内阻.

图　3-5

　　电源力把单位正电荷从电源的负极经电源内部移到正极所做的功叫作**电源的电动势**，用 E 表示，单位跟电压相同. 实际上内阻 r 是在电源内部，与电动势是分不开的.

当开关闭合时，可得到全电路欧姆定律：$I = \dfrac{E}{R + r}$.

上式可变形为 $IR = E - Ir$，把 $U = IR$ 代入，可得

$$U = E - Ir$$

当 E、r 一定时，$U = E - Ir$ 是关于 U 和 I 的直线方程，其直线可在以 I 为横坐标、U 为纵坐标的平面坐标系中画出.

令 $I = 0$，则 $U = E$，在 U 轴上找到点 $A(0，E)$，令 $U = 0$，则 $I = \dfrac{E}{r}$，在 I 轴上找到点 $B\left(\dfrac{E}{r}，0\right)$.

连接 A、B 两点画出直线，得到一次函数的图像，如图 3-6 所示.

若是内阻为零的理想电源，$U = E$，则 U 不再随负载电流 I 发生变化，则可得到一条平行于横轴的直线，如图 3-6 中虚线所示.

2. 放大电路的图解分析法

晶体管是电子电路中的重要器件，与其他电子元件构成放大电路后，变量 i_C、u_{CE} 满足 $u_{CE} = U_{CC} - i_C R_C$ 的关系，其中 U_{CC}、R_C 是常量. 设 $u_{CE} = 0$，可得到图像与横坐标的交点 M；同理，设 $i_C = 0$，可得到图像与纵坐标的交点 N. 因 $u_{CE} = U_{CC} - i_C R_C$ 是一条直线，连接 M、N 两点可得直线 MN，如图 3-7 所示.

图 3-8 所示为放大电路中放大器件晶体管的特性曲线. 将一次函数 $u_{CE} = U_{CC} - i_C R_C$ 的图像合并到晶体管的特性曲线中可得到图 3-9. 由图可知：一次函数 $u_{CE} = U_{CC} - i_C R_C$ 与晶体管的特性曲线有交点，中央交点 Q 是放大电路工作最有效的位置，其横坐标对应的点为 U_{CEQ}，纵坐标的交点为 I_{CQ}. 这种利用晶体管的特性曲线和电路参数，通过做图分析放大

器性能的方法，叫作**放大器的图解分析法**. 在电学中经常会用做草图的方法来分析电路，同学们要仔细体会其中的奥秘.

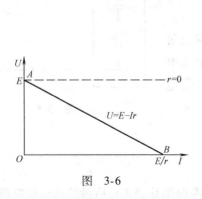

图 3-6

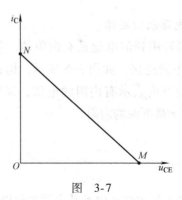

图 3-7

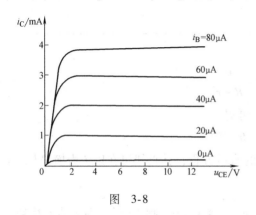

图 3-8

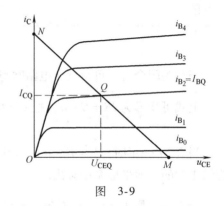

图 3-9

【实例 3】 图 3-10 所示为电阻的伏安特性曲线，试说明 l_1、l_2 各表示什么电阻。

解 由图 3-10 可知，其中 l_1 是一条过原点的直线，说明 U 与 I 是正比例关系，$\dfrac{U}{I}$ 是定值，可知 l_1 表示的是线性电阻；l_2 是过原点的一条曲线，说明 $\dfrac{U}{I}$ 不是定值，可知 l_2 表示的是非线性电阻.

【实例 4】 如图 3-11 所示，3 个电阻的伏安特性曲线分别是图中的 l_1、l_2、l_3，则电阻最大的是(　　).

解 l_1、l_2、l_3 都是过原点的一条直线，说明 l_1、l_2、l_3 都是线性电阻.

各直线的电阻值为

$$R_1 = \frac{U}{I_1}, \quad R_2 = \frac{U}{I_2}, \quad R_3 = \frac{U}{I_3}$$

由图 3-11 可知 $\qquad\qquad R_1 < R_2 < R_3$

所以电阻最大的是 R_3.

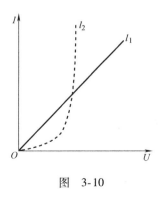

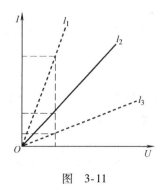

图 3-10   图 3-11

小　结

1. 正比例函数：一般地说，两个变量 y 和 x 之间的函数关系如果能用解析式 $y = kx$（$k \neq 0$ 的常数）来表示，那么这两个变量之间的函数关系叫作正比例关系，k 叫作比例系数．正比例函数一般形式为 $y = kx$（$k \neq 0$），定义域为 **R**，值域为 **R**，图像为一条过原点的直线．

2. 一次函数：一般地说，形如 $y = kx + b$（$k \neq 0$）的函数叫作一次函数．当 $b = 0$ 时，这个函数是 $y = kx$（$k \neq 0$），所以正比例函数是一次函数的特例．一次函数的定义域是 **R**，值域是 **R**，图像是一条直线．

3. 线性电阻：$R = \dfrac{U}{I}$．

4. 全电路欧姆定律：$I = \dfrac{E}{R + r}$．

5. 利用晶体管的特性曲线和电路参数，通过作图分析放大器性能的方法，叫作放大器的图解分析法．

课题三　反比例函数

仔细观察表 3-8 中已知的 x、y，你会发现什么规律？根据你的发现，填补空格中的数．

表　3-8

x	1	2	3	4	5
y	30		10		6

分析发现：$3 \times 10 = 30$，$5 \times 6 = 30$，其中 3 和 5 都是 x，10 和 6 都是 y，$xy = 30$．这样就可以把空格填好了．将 30 用一个系数 k 表示，可得出 $xy = k$．

知识要点

◎ 反比例函数的概念和性质

◎ 反比例函数的应用

能力要求

◎ 理解反比例函数的概念和性质

◎ 反比例函数的实际应用，即把生活中的实际问题抽象成数学模型，用数学语言解决实际问题

◎ 反比例函数在电学中的实际应用

基本知识

一、反比例与正比例

x、y 为两个相关联的量，若 $\dfrac{y}{x} = k(x \neq 0)$，$k$ 是常数，则称 x、y 是**正比例**关系；若 $xy = k$，k 是常数，则称 x、y 是**反比例**关系．正比例与反比例的关系可用表 3-9 表示．

表 3-9 正比例与反比例的关系

	正 比 例	反 比 例
相同点	都有两种相关联的量	
	一种量随着另一种量变化	
	都必须有一个量一定	
不同点	变化方向相同，一种量扩大（**缩小**），另一种量也扩大（**缩小**）	变化方向相反，一种量扩大（**缩小**），另一种量反而缩小（**扩大**）
	相对应的两个数的比值（商）一定	相对应的两个数的积一定

二、反比例函数

1. 反比例函数的概念

把 $xy = k$ 变形得 $y = \dfrac{k}{x}$．形如 $y = \dfrac{k}{x}(k \neq 0)$ 的函数叫作**反比例函数**．

例如，一个矩形的面积为定值 S，矩形长为 y，宽为 x，写出 y 与 x 的函数关系式．即

$$y = \dfrac{S}{x}$$

2. 反比例函数的图像和性质

做出 $y = \dfrac{2}{x}$ 和 $y = -\dfrac{2}{x}$ 的图像．

（1）列表（见表 3-10）

表　3-10

x	$\cdots$	-4	-2	-1	1	2	4	$\cdots$
$y=\dfrac{2}{x}$	$\cdots$	$-\dfrac{1}{2}$	-1	-2	2	1	$\dfrac{1}{2}$	$\cdots$
$y=-\dfrac{2}{x}$	$\cdots$	$\dfrac{1}{2}$	1	2	-2	-1	$-\dfrac{1}{2}$	$\cdots$

（2）描点、连线（见图 3-12）

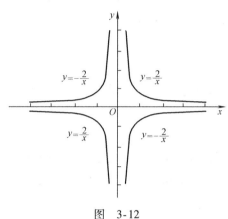

图　3-12

根据图像，反比例函数的性质如表 3-11 所示.

表 3-11　反比例函数基本知识

解析式	$y=\dfrac{k}{x}(k\neq0)$	
定义域	$\{x\mid x\in\mathbf{R}，且\ x\neq0\}$	
值域	$\{y\mid y\in\mathbf{R}，且\ y\neq0\}$	
	$k>0$	$k<0$
图像		
	以 x 轴、y 轴为渐近线的等轴双曲线	
单调性	在区间 $(-\infty,0)$ 和 $(0,+\infty)$ 内是减函数	在区间 $(-\infty,0)$ 和 $(0,+\infty)$ 内是增函数

【实例1】　人的视觉机能受运动速度的影响很大，行驶中司机在驾驶室内观察前方物体时是动态的，车速增加，视野变窄，当车速为 50km/h 时，视野为 80°. 如果视野 $f(°)$ 是车速 $v(km/h)$ 的反比例函数，求 f、v 之间的关系式，并计算当车速为 100km/h 时视野的度数.

解 设 f、v 之间的关系式为 $f = \dfrac{k}{v}$（$k \neq 0$）.

因为 $v = 50$ 时，$f = 80$，所以 $\qquad 80 = \dfrac{k}{50}$

解得 $k = 4000$，可得 $\qquad\qquad f = \dfrac{4000}{v}$

当 $v = 100$ 时， $\qquad\qquad\qquad f = \dfrac{4000}{100} = 40$

所以，当车速为 100km/h 时视野为 40°.

专业应用

正比例函数与反比例函数在电学中的应用非常广泛，而且经常一起出现，现举例说明.

1. 部分电路欧姆定律

欧姆定律反映了电阻元件两端的电压与通过该元件的电流和电阻三者之间的关系，如图 3-13 所示电路，数学表达式为

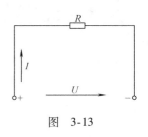

图 3-13

$$I = \frac{U}{R}$$

由上式可知：通过电阻的电流与电阻两端的电压成正比，而与电阻成反比.

对于任一段电阻电路，只要知道电路中的电压、电流和电阻这 3 个量中的任意两个量，就可由欧姆定律求得第 3 个.

2. 电功率

电功率 P 表明电流做功的快慢，可用 $P = UI$ 表示，但在进行测算的过程中，经常会用到其变形公式 $P = I^2 R = \dfrac{U^2}{R}$，视方便而定. 若保持电源电压不变，就用 $P = \dfrac{U^2}{R}$，输出功率 P 是电阻 R 的反比例函数；若保持电路中电流不变，就用 $P = I^2 R$，输出功率 P 是电阻 R 的正比例函数.

3. 串联电容器的分压

电容器在工作时，实际所加的电压的最大值不能超过额定工作电压，否则电容器介质的绝缘性能将受到破坏，使电容器击穿，两极发生短路，不能继续使用.

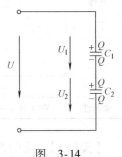

图 3-14

如图 3-14 所示，串联电容器的各个电容器上分配的电压与其容量成反比，即 $C_1 U_1 = C_2 U_2$，故电容量大的电容器分配的电压低，电容量小的电容器分配的电压反而高. 在具体计算中，必须慎重地考虑各电容器的耐压情况. 一般先计算电容量小的电容器的耐压值，后计算电容量大的电容器的耐压值，具体计算可用分压公式：

$$U_1 = \frac{C_2}{C_1 + C_2} U_总$$

$$U_2 = \frac{C_1}{C_1 + C_2} U_总$$

4. 变压器工作原理

变压器有一次线圈和二次线圈, 其两端电压分别用 U_1 和 U_2 表示, 匝数用 N_1 和 N_2 表

示. 两组线圈的电压满足 $\dfrac{U_1}{U_2} = \dfrac{N_1}{N_2}$, 即一次、二次线圈的电压比等于它们的匝数比; 两组线

圈的电流满足 $\dfrac{I_1}{I_2} = \dfrac{N_2}{N_1} = \dfrac{1}{\dfrac{N_1}{N_2}}$, 即一次、二次线圈的电流比等于它们的匝数比的倒数.

【实例2】　有两只电容器, $C_1 = 20\mu F$, $C_2 = 10\mu F$, 耐压均为150V, 把它们串联起来接到300V的直流电压上, 会出现什么情况?

解　两电容器串联时, 各电容分到的电压与其电容量成反比, 即

$$\frac{U_1}{U_2} = \frac{C_2}{C_1}$$

且

$$U_1 + U_2 = U$$

故

$$U_1 = \frac{C_2}{C_1 + C_2} U = \left(\frac{10}{20 + 10} \times 300\right) V = 100V$$

$$U_2 = U - U_1 = 300V - 100V = 200V$$

可见, 电容器 C_2 承受的电压已超过耐压, 可造成 C_2 被击穿. 如果 C_2 击穿, 全部电源电压将加到电容器 C_1 上, 导致 C_1 也被击穿.

【实例3】　某用电器的电阻是可调节的, 其范围为 $110 \sim 220\Omega$, 已知电压为220V, 这个用电器的电路图如图3-15所示. 问:

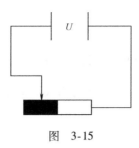

图　3-15

(1) 输出功率 P 与电阻 R 有怎样的函数关系?

(2) 用电器输出功率的范围多大?

解　(1) 根据电学知识, 当 $U = 220V$ 时, 有

$$P = \frac{220^2}{R}$$

即输出功率 P 是电阻 R 的反比例函数.

（2）从 $P = \dfrac{220^2}{R}$ 可以看出，电阻越大，功率越小.

把电阻的最小值 $R = 110\Omega$ 代入，得到输出功率的最大值

$$P = \frac{220^2}{110}\mathrm{W} = 440\mathrm{W}$$

把电阻的最大值 $R = 220\Omega$ 代入，得到输出功率的最小值

$$P = \frac{220^2}{220}\mathrm{W} = 220\mathrm{W}$$

因此用电器的输出功率为 $220 \sim 440\mathrm{W}$.

 为什么收音机的音量可以调节，台灯的亮度及风扇的转速可以调节？音量、亮度及转速随_____的减小而增大，随_____的增大而减小.

【实例4】 已知某变压器的一次侧电压为 220V，二次侧电压为 44V；一次侧绕组匝数为 1200 匝，二次侧电流为 50A. 试计算该变压器的一次侧电流及二次侧绕组的匝数.

解 由 $\dfrac{U_1}{U_2} = \dfrac{I_2}{I_1}$，可得

$$I_1 = \frac{U_2}{U_1}I_2 = \left(\frac{44}{220} \times 50\right)\mathrm{A} = 10\mathrm{A}$$

由 $\dfrac{U_1}{U_2} = \dfrac{N_1}{N_2}$，可得

$$N_2 = \frac{U_2}{U_1}N_1 = \left(\frac{44}{220} \times 1200\right)匝 = 240\ 匝$$

小 结

1. 形如 $y = \dfrac{k}{x}$ $(k \neq 0)$ 的函数叫作反比例函数.

2. 当 $k > 0$ 时，在每一象限内，y 随 x 的增大而减小；当 $k < 0$ 时，在每一象限内，y 随 x 的增大而增大.

3. 部分电路欧姆定律：$I = \dfrac{U}{R}$

4. 电功率：$P = I^2R = \dfrac{U^2}{R}$

5. 串联电容器的各个电容器上分配的电压与其容量成反比：$C_1U_1 = C_2U_2$

6. 变压器的工作原理：$\dfrac{U_1}{U_2} = \dfrac{N_1}{N_2}$

课题四 指数函数

在生活中经常会遇到呈指数增长或衰减的问题. 如图 3-16 所示，某种细胞的分裂规律为：一个细胞一次分裂成两个细胞. 一个这样的细胞经过 x 次分裂后，得到 y 个与它本身相同的细胞，那么细胞个数 y 与分裂次数 x 的关系是怎样的呢？

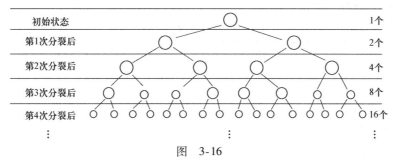

图 3-16

我们以细胞分裂问题为例，引出指数函数的概念，研究指数函数的性质.

知识要点

◎ 指数函数的概念、图像和性质

◎ 指数函数的应用

能力要求

◎ 理解指数函数的含义和性质

◎ 了解指数函数的实际应用，学会把实际问题抽象成数学模型，用数学方法求解实际问题

◎ 能画出 RC 电路充放电过程的电压、电流简易图像

基本知识

关于细胞分裂问题，分析如下：

初始细胞个数是 1，此时经过分裂次数是 0，即 $2^0 = 1$ 个；

经过第 1 次分裂后细胞的总数是 $2^1 = 2$ 个；

经过第 2 次分裂后细胞的总数是 $2^2 = 4$ 个；

经过第 3 次分裂后细胞的总数是 $2^3 = 8$ 个；

经过第 4 次分裂后细胞的总数是 $2^4 = 16$ 个；

$\vdots$

经过第 x 次分裂后细胞的总数是 2^x 个.

设细胞总数为 y，得到细胞总数与分裂次数的函数关系为 $y = 2^x$.

1. 指数函数的概念

一般地，我们把形如 $y = a^x$（$a > 0$，$a \neq 1$）的函数叫作**指数函数**.

2. 指数函数的图像和性质

根据 a 的取值范围不同，可以将指数函数 $y = a^x$（$a > 0$，$a \neq 1$）分为 $0 < a < 1$ 和 $a > 1$ 两部分进行讨论. 以底数 $a = 2$ 和 $a = \dfrac{1}{2}$ 为例，在同一个平面直角坐标系中用描点法画出 $y = 2^x$ 和 $y = \left(\dfrac{1}{2}\right)^x$ 的图像.

（1）列表（见表 3-12）

表 3-12

x	$\cdots$	-3	-2	-1	0	1	2	3	$\cdots$
$y = 2^x$	$\cdots$	$\dfrac{1}{8}$	$\dfrac{1}{4}$	$\dfrac{1}{2}$	1	2	4	8	$\cdots$
$y = \left(\dfrac{1}{2}\right)^x$	$\cdots$	8	4	2	1	$\dfrac{1}{2}$	$\dfrac{1}{4}$	$\dfrac{1}{8}$	$\cdots$

（2）描点、连线

描点、连线得图 3-17.

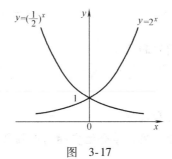

图 3-17

一般地，指数函数 $y = a^x$（$a > 0$，$a \neq 1$）的图像和性质如表 3-13 所示.

表 3-13　指数函数的图像和性质

函数	$y = a^x$, $x \in \mathbf{R}$	
	$a > 1$	$0 < a < 1$
图像	$y = a^x (a > 1)$ $(0,1)$	$y = a^x$ $(0 < a < 1)$ $(0,1)$
性质	（1）定义域是 $\mathbf{R}$，值域是正实数集 $\mathbf{R}_+$	
	（2）当 $x = 0$ 时，$y = 1$	
	（3）在 $(-\infty, +\infty)$ 内是增函数	（3）在 $(-\infty, +\infty)$ 内是减函数

【实例1】 把下列指数式改写为对数式.

（1） $0.5^x = 6$；（2） $\left(\dfrac{1}{3}\right)^m = 5.73$；（3） $e^x = 18$.

分析：可先书写对数符号 $\log$，然后将 $0.5^x = 6$ 中"楼层低的"书写在 $\log$ 的后面"还住在楼下"，得 $\log_{0.5}$，再将等号两边剩余的两个数互换位置即可.

解（1） $\log_{0.5} 6 = x$；

（2） $\log_{\frac{1}{3}} 5.73 = m$；

（3） $\log_e 18 = x$，又因为 $\log_e = \ln$，所以原式改写成对数式为 $\ln 18 = x$.

【实例2】 比较下列各题中两个值的大小.

（1） $3^{0.4}$，$3^{2.4}$；（2） $\left(\dfrac{1}{3}\right)^{-0.4}$，1.

解 利用"增大大，减小大"的求解规律进行判断：

（1） $3^{0.4} < 3^{2.4}$

因为 $3 > 1$，所以 3^x 为增函数，所以 x 越大，对应的函数值也就越大.

（2） $\left(\dfrac{1}{3}\right)^{-0.4} > 1$

把 1 换成 $\left(\dfrac{1}{3}\right)^0$ 进行比较，即：将 1 换成同"底"的 0 次幂进行比较.

【实例3】 某市 2018 年国内生产总值为 20 亿元，该市计划在未来 10 年内，国内生产总值平均每年按 8% 的增长率增长，分别预测该市 2023 年与 2028 年的国内生产总值.（精确到 0.01 亿元）

国内生产总值每年按 8% 的增长率增长是指后一年的国内生产总值是前一年的 $(1 + 8\%)$ 倍.

解 设在 2018 年后的第 x 年该市国内生产总值为 y 亿元，则

第一年 $\qquad\qquad y = 20 \times (1 + 8\%) = 20 \times 1.08$

第二年 $\qquad\qquad y = 20 \times 1.08 \times (1 + 8\%) = 20 \times 1.08^2$

第三年 $\qquad\qquad y = 20 \times 1.08^2 \times (1 + 8\%) = 20 \times 1.08^3$

$\qquad\vdots\qquad\qquad\qquad\qquad\qquad\vdots$

由此得到，第 x 年该市国内生产总值为

$$y = 20 \times 1.08^x \quad (x \in \mathbf{N} \text{ 且 } 1 \leqslant x \leqslant 10)$$

当 $x=5$ 时，得到 2023 年的国内生产总值为 $y=20 \times 1.08^5 \approx 29.39$（亿元）；

当 $x=10$ 时，得到 2028 年的国内生产总值为 $y=20 \times 1.08^{10} \approx 43.18$（亿元）.

【实例 4】 服用某种感冒药，每次服用的药物含量为 a，随着时间 t 的变化，体内的药物含量 $f(t)=0.57^t a$（其中 t 以 h 为单位）. 问服药 4h 后，体内药物的含量为多少？8h 后，体内药物的含量为多少？

解 因为 $f(t)=0.57^t a$，利用计算器容易算出

$$f(4)=0.57^4 a \approx 0.11a$$
$$f(8)=0.57^8 a \approx 0.01a$$

所以，服药 4h 后，体内药物的含量为 $0.11a$；8h 后，体内药物的含量为 $0.01a$.

水桶是盛水的容器，电容器是存放电荷的容器. 电容器在充电和放电时，两端的电压随时间变化的曲线就是按照指数规律上升或下降的.

已知一个 RC 电路，如图 3-18 所示. 先将开关合在 a 端，给电容器 C 充电，充电完毕后（$U_C=E$），再将开关合向 b 端，则电容器通过电阻 R 进行放电.

电工学理论分析指出，电容器在放电过程中，电容器两端电压 u_C 随时间按指数规律衰减，其函数关系是 $u_C=U_C \mathrm{e}^{-\frac{t}{RC}}$.

已知 $\mathrm{e} \approx 2$，将 $y=2^{-x}(x \geq 0)$ 与 $u_C=U_C \mathrm{e}^{-\frac{t}{RC}}$ 进行比较后可知，这两个函数形式很相近. 对于函数 $u_C=U_C \mathrm{e}^{-\frac{t}{RC}}$，随着 t 的增大，u_C 将接近于 t 轴，如图 3-19 所示.

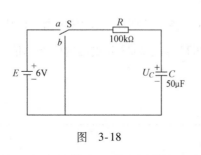

图 3-18　　　　　　　　　　图 3-19

【实例 5】 如图 3-20 所示，当合上开关 S 时，电容器开始充电，随着时间的推移，电容器 C 两端的电压将逐渐增加. 电工学理论分析指出：在 C 充电过程中，电容器两端电压随时间按指数规律变化，函数关系是 $u_C=E\left(1-\mathrm{e}^{-\frac{1}{RC}t}\right)$. 试做出充电过程的简易图像.

分析：分析 C 充电过程，电容器两端电压随时间按指数规律变化，函数关系是 $u_C=E\left(1-\mathrm{e}^{-\frac{1}{RC}t}\right)$，变形为 $u_C=E-E\mathrm{e}^{-\frac{1}{RC}t}$，由前面内容可知 $E\mathrm{e}^{-\frac{1}{RC}t}$ 是减函数，做出其图像如图3-21中的①；$-E\mathrm{e}^{-\frac{1}{RC}t}$ 与 $E\mathrm{e}^{-\frac{1}{RC}t}$ 是相反数，关于 x 轴对称，是增函数，做出其图像如图 3-21 中的②；$u_C=E-E\mathrm{e}^{-\frac{1}{RC}t}$ 是 $-E\mathrm{e}^{-\frac{1}{RC}t}$ 的图像沿 y 轴向上平移 E，是增函数，做出其图像如图 3-21 中的③.

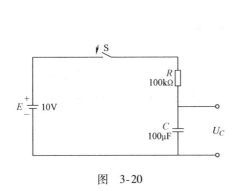

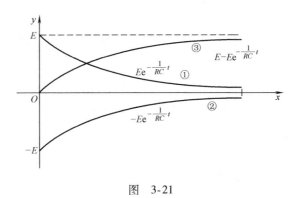

图 3-20　　　　　　　　　　　　　　　　图 3-21

由 $u_c = E - Ee^{-\frac{1}{RC}t}$ 可知，当 $t = 0$ 时 $u_c = 0$. 另外，根据电容器本身的性质，充电过程不可能超过电源电压.

　　　电容器在充电过程中，电容器两端电压按指数规律增加，但不会超出电源电压值 U；电容器在放电过程中，电容器两端电压按指数规律减小，但永远也不会达到 0. 电容器充放电图像简图如图 3-22 所示.

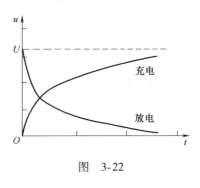

图 3-22

小　结

1. 指数函数的概念

形如 $y = a^x (a > 0,\ a \neq 1)$ 的函数叫作指数函数.

2. 指数函数的性质

1）定义域是 **R**，值域是正实数集 $\mathbf{R}_+$；

2）当 $x = 0$ 时，$y = 1$；

3）当 $a > 1$ 时，在 $(-\infty, +\infty)$ 内是增函数；

4）当 $0 < a < 1$ 时，在 $(-\infty, +\infty)$ 内是减函数.

3. RC 电路充、放电过程中电压、电流均按指数规律变化

课题五 对 数 函 数

C14 的半衰期为 5730 年．古董市场有一幅达·芬奇（1452—1519）的绘画，测得其 C14 的含量为原来的 94.1%，你能根据这个信息从时间上判断这幅画是不是赝品吗？

知识要点

◎ 反函数的概念

◎ 对数函数的概念、图像和性质

◎ 对数函数的应用

能力要求

◎ 理解反函数、对数函数的含义和性质

◎ 了解对数函数的实际应用，学会把实际问题抽象成数学模型，用数学方法求解实际问题

基本知识

一、反函数的概念

在函数 $y = f(x)(x \in D)$ 中，设其值域为 M．根据这个函数中 x、y 的关系，用 y 把 x 表示出来，得到 $x = g(y)$．如果 $x = g(y)(y \in M)$ 也是一个函数，那么就把函数 $x = g(y)(y \in M)$ 叫作函数 $y = f(x)(x \in D)$ 的**反函数**，记作 $x = f^{-1}(y)$．一般情况下，将函数 $x = f^{-1}(y)$ 改写成 $y = f^{-1}(x)$．函数 $y = f(x)$ 的反函数是指 $y = f^{-1}(x)$．

如果函数 $y = f(x)$ 有反函数 $y = f^{-1}(x)$，那么函数 $y = f^{-1}(x)$ 的反函数就是 $y = f(x)$，也就是说，函数 $y = f(x)$ 与函数 $y = f^{-1}(x)$ 互为反函数．

从反函数的定义可以看出，函数 $y = f(x)$ 的定义域是它的反函数 $y = f^{-1}(x)$ 的值域；函数 $y = f(x)$ 的值域是它的反函数 $y = f^{-1}(x)$ 的定义域．

例：求 $y = 2x - 1(x \in \mathbf{R})$ 的反函数，并画出函数和反函数的图像，观察它们的对称性．

解 由 $y = 2x - 1$，解得 $x = \dfrac{y+1}{2}$.

所以函数 $y = 2x - 1$ 的反函数是 $y = \dfrac{x+1}{2}$ $(x \in \mathbf{R})$.

通过描点法可画出函数 $y = 2x - 1 (x \in \mathbf{R})$ 和它的反函

数 $y = \dfrac{x+1}{2}$ $(x \in \mathbf{R})$ 的图像，如图 3-23 所示.

从图中可以看出，函数 $y = 2x - 1$ 的图像和它的反函数

$y = \dfrac{x+1}{2}$ 的图像关于 $y = x$ 对称.

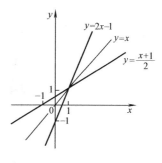

图 3-23

　　一般地，在平面直角坐标系 Oxy 中，函数 $y = f(x)$ 的图像和它的反函数 $y = f^{-1}(x)$ 的图像关于 $y = x$ 对称.

　　某种细胞的分裂规律为：1 个细胞 1 次分裂成两个. 1 个细胞经过第 1 次分裂成为两个；经过第 2 次分裂成为 4 个……那么，经过第几次分裂后恰好出现 16 个细胞？第几次分裂后恰好出现 128 个细胞？

　　设这样的细胞经过 x 次分裂后，得到的细胞的个数是 y. 根据上一个知识点，我们知道，以细胞分裂次数 x 为自变量可以得到指数函数 $y = 2^x$. 显然，只要求出这个函数的反函数，上面的问题就可以解决了.

　　根据对数的定义，指数函数式 $y = 2^x$ 可以写成对数的形式 $x = \log_2 y$，因此 $x = \log_2 y$ 表示的是指数函数式 $y = 2^x$ 的反函数. 按照习惯，这个函数应写成 $y = \log_2 x$.

二、对数函数的概念、图像和性质

　　1. 对数函数的概念

　　一般地，函数 $y = \log_a x (a > 0，a \neq 1)$ 与指数函数 $y = a^x$ 互为反函数. 因为 $y = a^x$ 的值域是 $(0，+\infty)$，所以函数 $y = \log_a x$ 的定义域是 $(0，+\infty)$；$y = a^x$ 的定义域是 $\mathbf{R}$，所以函数 $y = \log_a x$ 的值域是 $\mathbf{R}$. $y = \log_a x (a > 0，a \neq 1)$ 叫作**对数函数**.

　　2. 对数函数的图像和性质

　　根据 a 的取值范围不同，函数 $y = \log_a x (a > 0，a \neq 1)$ 可以分为 $0 < a < 1$ 和 $a > 1$ 两部分进行讨论. 以底数 $a = 2$ 和 $a = \dfrac{1}{2}$ 为例，由于对数函数和指数函数互为反函数，借助指数函数的图像以及互为反函数的两个函数图像的关系，可以得到对数函数的图像如图 3-24 所示.

　　对数函数 $y = \log_a x (a > 0，a \neq 1)$ 的图像和性质如表 3-14 所示.

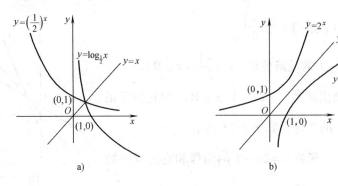

图 3-24

表 3-14 对数函数的图像和性质

函数	$y = \log_a x, \ x > 0$	
	$a > 1$	$0 < a < 1$
图像	$y=\log_a x(a>1)$ 过点 $(1,0)$	$y=\log_a x(0<a<1)$ 过点 $(1,0)$
性质	（1）定义域是 $\mathbf{R}_+$，值域是 $\mathbf{R}$	
	（2）当 $x = 1$ 时，$y = 0$	
	（3）在 $(0, +\infty)$ 内是增函数	（3）在 $(0, +\infty)$ 内是减函数

【实例 1】 把下列对数式改写为指数式.

（1）$\log_{16} 4 = \dfrac{1}{2}$；（2）$\lg 0.01 = -2$.

分析：对照指数化对数的书写规律，即"楼层低的住楼下，其余两数互换等号两边的位置".

解 （1）中的 16 "楼层低"，所以将它写在"楼下"，再将 4 与 $\dfrac{1}{2}$ 互换位置即可. 所以原式改写指数式为 $16^{\frac{1}{2}} = 4$.

（2）$10^{-2} = 0.01$.

【实例 2】 比较下列各题中两个值的大小.

（1）$\log_3 5$，$\log_3 4$；（2）$\log_4 2.7$，0；（3）$\log_{\frac{1}{3}} 0.2$，$\log_{\frac{1}{3}} 2$.

解 遵循"增大大，减小大"的规律.

（1）$\log_3 5 > \log_3 4$

因为 $3 > 1$，该函数为增函数，所以 x 越大，对应的函数值也就越大（增大大）.

（2）$\log_4 2.7 > 0$

把 0 换成 $\log_4 1$ 进行比较，即：将 0 换成同"底"1 的对数进行比较.

（3）$\log_{\frac{1}{3}} 0.2 > \log_{\frac{1}{3}} 2$

因为 $0 < \frac{1}{3} < 1$，该函数为减函数，所以 x 越小，对应的函数值就越大（减小大）.

【实例 3】　现有一种放射性物质经过衰变，一年后残留量为原来的 84%，设每年的衰变速度不变，问该物质经过多少年后的残余量为原来的 50%？（结果保留整数）

解　设该物质最初的质量为 1，衰变 x 年后，该物质的残余量为原来的 50%，则

$$0.84^x = \frac{1}{2}$$

于是

$$x = \log_{0.84} \frac{1}{2} \approx 4 \text{（年）}$$

所以，约经过 4 年后的残余量为原来的 50%.

【实例 4】　引言中验证达·芬奇的画是不是赝品的问题.

解　设这幅画的年龄为 x，画中原来 C14 的含量为 a，根据题意有

$$0.941a = a\left(\frac{1}{2}\right)^{\frac{x}{5730}}$$

消去 a 后，两边取常用对数，得

$$\lg 0.941 = \frac{x}{5730} \lg 0.5$$

解得

$$x = 5730 \times \frac{\lg 0.941}{\lg 0.5} \approx 503$$

因为 2009 − 503 − 1452 = 54，这幅画约在达·芬奇 54 岁时完成，从时间上看不是赝品.

专业应用

输电线之间、输电线与大地之间存在着电容，一般都很小，通常可忽略不计. 但我们知道，在雷雨天气站在高压线下是危险的，同学们可以试想一下其中的原因. 看到过电路板的同学会发现，上面焊接的电子元器件引脚都很短，其原因也是为了减小其中的电容.

电工学理论分析指出：电容器在充电过程中，电容器两端电压 u_C 随时间按指数规律增加；电容器在放电过程中，电容器两端电压 u_C 随时间按指数规律衰减. 电路的得来往往是先有需求，再有设计，这就需要我们用对数反过来去求充电时间，再确定电子元器件的值.

【实例 5】　已知一个 *RC* 电路，如图 3-25 所示. 先将开关合在 a 端，给电容器 C 充电，充电完毕后（$U_C = E$），再将开关合向 b 端，则电容器通过电阻 R 进行放电. 电工学理论分析指出，电容器在放电过程中，电容两端电压 u_C 随时间按指数规律衰减，其函数

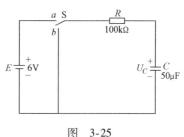

图　3-25

关系是

$$u_c = U_c e^{-\frac{t}{RC}}$$

求电容器上电压衰减到3V所需要的时间.

解 根据题意可知

$$U_c = E = 6V$$

$$\tau = RC = 100 \times 10^3 \times 50 \times 10^{-6} s = 5s$$

由函数关系得

$$3 = 6e^{-\frac{t}{5}}$$

即

$$e^{-\frac{t}{5}} = 0.5$$

则

$$\ln e^{-\frac{t}{5}} = \ln 0.5$$

$$-\frac{t}{5} = \ln 0.5$$

$$t = -5\ln 0.5s \approx -5 \times (-0.69) \ s = 3.45s$$

故电容器上电压衰减到3V所需的时间是3.45s.

小　结

1. 反函数

在函数 $y = f(x)$ $(x \in D)$ 中，设其值域为 M，根据这个函数中 x、y 的关系，用 y 把 x 表示出来，得到 $x = g(y)$. 如果 $x = g(y)$ $(y \in M)$ 也是一个函数，那么就把函数 $x = g(y)$ $(y \in M)$ 叫作函数 $y = f(x)$ $(x \in D)$ 的反函数，记作 $x = f^{-1}(y)$.

一般情况下，我们将函数 $x = f^{-1}(y)$ 改写成 $y = f^{-1}(x)$. 我们说函数 $y = f(x)$ 的反函数是指 $y = f^{-1}(x)$.

2. 对数函数的概念

形如 $y = \log_a x (a > 0，a \neq 1)$ 的函数叫作对数函数.

3. 对数函数的性质

1）定义域是 $\mathbf{R}_+$，值域是 $\mathbf{R}$；

2）当 $x = 1$ 时，$y = 0$；

3）当 $a > 0$ 时，在 $(0，+\infty)$ 内是增函数；

4）当 $0 < a < 1$ 时，在 $(0，+\infty)$ 内是减函数.

模块四 三角函数及其应用

转动是机械运动中常见的运动形式，如汽车轮子的转动，钟表表针的转动，机械装置中带轮、链轮、齿轮的转动等，它们圆周上的每一点都绕着轴心做圆周运动，其运动呈现出周期性的变化规律．此外，神秘的自然界中，很多现象呈现出周期性的变化，如每年周而复始的四季更迭，有规律往复再现的潮汐现象……三角函数就是研究圆周运动和周期现象的一种重要数学工具．本模块中将通过实例，对角的概念进行推广，并研究任意角三角函数的图像、性质及其在实际生活中的应用．

课题一 角的概念及推广

工人师傅在装卸机器时，假如把一个螺母拧紧需要顺时针转两周，拧松需要逆时针转两周，问师傅在拧紧、拧松螺母的过程中，扳手各旋转了多少度？

在这个问题中，可以看到角的形成不仅是带有方向性的，而且角的范围不都是在0°～360°之间，因此需要将角的概念加以推广．

知识要点

◎ 任意角的含义

◎ 弧度与角度的互换

能力要求

◎ 掌握弧度与角度的对应关系，在实际应用中，能正确进行弧度与角度的相互换算

基本知识

一、任意角的概念

1. 角的概念

平面内一条射线绕着端点从一个位置旋转到另一个位置所成的图形叫作**角**，如图4-1所示．

我们规定：按逆时针方向旋转形成的角称为**正角**，按顺时针方向旋转形成的角称为**负角**．没有旋转时形成的角称为**零角**．

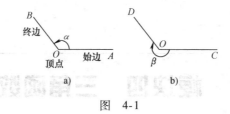

图 4-1

记作：小写希腊字母 α、β、γ、….

2. 终边相同的角

所有与角 α 终边相同的角，可以用一般形式表示为 $\beta = \alpha + k \times 360°(k \in \mathbf{Z})$.

3. 象限角和轴线角

为了研究方便，经常在直角坐标系中研究角，将角的顶点与坐标原点重合，始边与 x 轴的正半轴重合，此时角的终边在第几象限，就说这个角叫作第几象限的角. 如果角的终边在坐标轴上，则称它们是轴线角，轴线角不属于任何一个象限.

若 $0° < \alpha < 360°$，则

α 是第一象限角$\Leftrightarrow 0° < \alpha < 90°$

α 是第二象限角$\Leftrightarrow 90° < \alpha < 180°$

α 是第三象限角$\Leftrightarrow 180° < \alpha < 270°$

α 是第四象限角$\Leftrightarrow 270° < \alpha < 360°$

x 轴的正向轴线角$\Leftrightarrow \alpha = 0°$

x 轴的负向轴线角$\Leftrightarrow \alpha = 180°$

y 轴的正向轴线角$\Leftrightarrow \alpha = 90°$

y 轴的负向轴线角$\Leftrightarrow \alpha = 270°$

二、弧度与角度的互换

1. 弧度的定义

长度等于半径长的弧所对的圆心角叫作**1 弧度的角**，记作：1 弧度或 1rad. 角 α 的弧度数的绝对值为 $|\alpha| = \dfrac{l}{r}$（其中 l 为弧长，r 为圆的半径）. 以弧度为单位来度量角的制度叫作**弧度制**.

半径为 r 的圆的周长为 $2\pi r$，故圆周的弧度为 $\dfrac{2\pi r}{r} = 2\pi \text{rad}$.

2. 弧度与角度的换算

$$\pi = 180°$$

$$1° = \frac{\pi}{180} \approx 0.01745 \text{rad}$$

$$1\text{rad} = \left(\frac{180}{\pi}\right)° \approx 57.30° = 57°18'$$

特殊角的度数与弧度数对应关系如表4-1所示.

表4-1 特殊角的度数与弧度数对应关系

角度	0°	30°	45°	60°	90°	120°	135°	150°	180°	270°	360°
弧度	0	$\dfrac{\pi}{6}$	$\dfrac{\pi}{4}$	$\dfrac{\pi}{3}$	$\dfrac{\pi}{2}$	$\dfrac{2\pi}{3}$	$\dfrac{3\pi}{4}$	$\dfrac{5\pi}{6}$	π	$\dfrac{3\pi}{2}$	2π

　　用弧度度量角时,每一个角都对应唯一的一个实数;反之,每一个实数都对应唯一的一个角.这样,角和实数之间就建立了一一对应关系.

【实例1】 完成下列弧度与角度的互化.

(1) 30°;(2) 67°30′;(3) $\dfrac{3\pi}{5}$.

解 (1) $30° = 30 \times \dfrac{\pi}{180} = \dfrac{\pi}{6}$;

(2) $67°30′ = 67\dfrac{1}{2} \times \dfrac{\pi}{180} = \dfrac{3\pi}{8}$;

(3) $\dfrac{3\pi}{5} = \dfrac{3}{5} \times 180° = 108°$.

【实例2】 求如图4-2所示的公路弯道部分弧 AB 的长 l.(单位:m,精确到0.1m)

解 $60° = \dfrac{\pi}{3}$,因此

$$l = |\alpha| r$$
$$= \dfrac{\pi}{3} \times 45\text{m}$$
$$\approx 3.142 \times 15\text{m}$$
$$\approx 47.1\text{m}$$

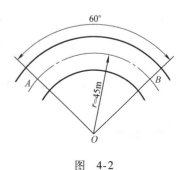

图 4-2

【实例3】 游乐场的摩天轮,每一个轿厢挂在一个旋臂上,小明与小华两人同时登上摩天轮,旋臂转过一圈后,小明下了摩天轮,小华继续乘坐一圈,当小华走下来时,旋臂转过的角度 α 是多少?把它化为弧度又是多少?

解 $\alpha = 720° = 4\pi$.

专业应用

　　角的概念工程中特别常见,如:电压、电流等电参量利用仪表的指针偏转角得出其测量值;三相异步电动机的三个线圈结构完全对称且空间位置上彼此相差120°;电动机的转速为 $n_s = \dfrac{60f}{p}$(p 为磁极数)等.

小　　结

1. 判断两角的终边是否相同，只要看两个角的差是否是 360°的整数倍．如果是 360°的整数倍，两个角的终边就相同；否则，两个角的终边不相同．

与角 α 终边相同的角的集合 $\{\beta \mid \beta = \alpha + k \times 360°,\ k \in \mathbf{Z}\}$．

2. 角度与弧度的互换

$$1\,\mathrm{rad} = \left(\frac{180}{\pi}\right)^{\circ} \approx 57.30° = 57°18'$$

课题二　任意角的三角函数

一钟表的秒针逆时针方向旋转了 75°，计算其对应的三角函数值．我们知道特殊角的三角函数值，怎样利用已知的特殊三角函数值求出未知值，本课题将给出相应的解答．

知识要点

　◎ 任意角的三角函数定义

　◎ 同角三角函数的关系式

　◎ 三角函数诱导公式

能力要求

　◎ 理解任意角的三角函数（正弦、余弦、正切）的含义

　◎ 熟记特殊角的三角函数值

　◎ 熟练运用三角函数的诱导公式

基本知识

一、任意角的三角函数定义

1. 定义

如图 4-3 所示，设 α 是一个任意角，α 的终边上任意一点 P 的坐标是 $(x,\ y)$，它与原点的距离 $r = \sqrt{x^2 + y^2}$．那么，角 α 的正弦、余弦、正切分别定义为 $\sin\alpha = \dfrac{y}{r}$、$\cos\alpha = \dfrac{x}{r}$、$\tan\alpha = \dfrac{y}{x}$．

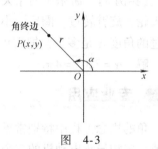

图　4-3

2. 三角函数的定义域

用弧度度量角时，正弦、余弦、正切函数的定义域如表 4-2 所示．

表4-2 三角函数的定义域

三 角 函 数	定 义 域
$\sin\alpha$	**R**
$\cos\alpha$	**R**
$\tan\alpha$	$\{\alpha \mid \alpha \neq \frac{\pi}{2} + k\pi,\ k \in \mathbf{Z}\}$

二、三角函数在各个象限的符号

根据三角函数的定义，三角函数在各个象限的符号如表4-3所示.

表4-3 三角函数在各个象限的符号

α 所在象限	第 一 象 限	第 二 象 限	第 三 象 限	第 四 象 限
$\sin\alpha = \dfrac{y}{r}$	+	+	−	−
$\cos\alpha = \dfrac{x}{r}$	+	−	−	+
$\tan\alpha = \dfrac{y}{x}$	+	−	+	−

三角函数的象限符号可用"一全正、二正弦、三正切、四余弦"来记忆. （口诀表示的是三角函数值为正时角的终边所在象限）

三、同角三角函数的基本关系

1. 平方关系：$\sin^2\alpha + \cos^2\alpha = 1$.

2. 商数关系：$\tan\alpha = \dfrac{\sin\alpha}{\cos\alpha}$.

四、特殊角的三角函数值

每个角都会有相对应的三角函数值，常用特殊角三角函数值如表4-4所示.

表4-4 特殊角的三角函数值

三 角 函 数	0°	30°	45°	60°	90°
$\sin\alpha$	0	$\dfrac{1}{2}$	$\dfrac{\sqrt{2}}{2}$	$\dfrac{\sqrt{3}}{2}$	1
$\cos\alpha$	1	$\dfrac{\sqrt{3}}{2}$	$\dfrac{\sqrt{2}}{2}$	$\dfrac{1}{2}$	0
$\tan\alpha$	0	$\dfrac{\sqrt{3}}{3}$	1	$\sqrt{3}$	不存在

五、三角函数的诱导公式

1. $-\alpha$ 与 α 的三角函数关系

$\sin(-\alpha) = -\sin\alpha$, $\cos(-\alpha) = \cos\alpha$, $\tan(-\alpha) = -\tan\alpha$

2. $\pi + \alpha$ 与 α 的三角函数关系

$\sin(\pi + \alpha) = -\sin\alpha$, $\cos(\pi + \alpha) = -\cos\alpha$, $\tan(\pi + \alpha) = \tan\alpha$

3. $\pi - \alpha$ 与 α 的三角函数关系

$\sin(\pi - \alpha) = \sin\alpha$, $\cos(\pi - \alpha) = -\cos\alpha$, $\tan(\pi - \alpha) = -\tan\alpha$

4. $2\pi - \alpha$ 与 α 的三角函数关系

$\sin(2\pi - \alpha) = -\sin\alpha$, $\cos(2\pi - \alpha) = \cos\alpha$, $\tan(2\pi - \alpha) = -\tan\alpha$

函数名不变，正负看象限．

以 $\cos(\pi - \alpha)$ 函数值的求解为例，说明如下．

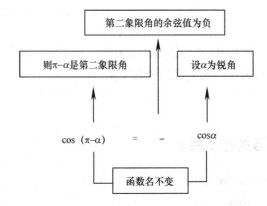

利用三角函数的诱导公式，可以求出任意角的三角函数值，其一般步骤为：

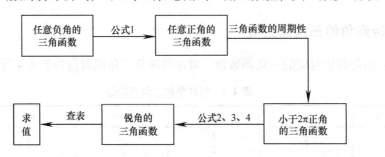

【实例1】 一条公路，坡度为 45°（坡度表示斜坡的斜度，其数值是坡角即斜坡与水平面所成的角），求其坡度的正弦、余弦及正切值．

解 $\sin 45° = \dfrac{\sqrt{2}}{2}$；$\cos 45° = \dfrac{\sqrt{2}}{2}$；$\tan 45° = 1$.

【**实例 2**】 工人师傅在装卸机器时，假如把一个螺母拧紧需要顺时针转两周，拧松需要逆时针转两周. 问师傅在拧紧、拧松螺母的过程中，扳手各旋转了多少度？并求其三角函数值.

解 师傅在拧紧螺母的过程中，扳手旋转了 $-360° \times 2 = -720°$.

师傅在拧松螺母的过程中，扳手旋转了 $360° \times 2 = 720°$.

$$\sin(-720°) = -\sin 720° = 0$$
$$\cos(-720°) = \cos 720° = 1$$
$$\tan(-720°) = -\tan 720° = 0$$

【**实例 3**】 小明在上学的时候经过一斜坡，其坡角为 α，如果 $\sin\alpha = \dfrac{4}{5}$，小明沿着斜坡走了 10m. 问小明升高了多少 m？并求 α 的余弦值、正切值.

解 因为 $\sin\alpha = \dfrac{4}{5}$，则

$$h = 10\text{m} \times \sin\alpha = 8\text{m}$$

α 在第一象限，第一象限角的余弦值为正，所以

$$\cos\alpha = \sqrt{1 - \sin^2\alpha} = \sqrt{1 - \left(\dfrac{4}{5}\right)^2} = \dfrac{3}{5}$$

$$\tan\alpha = \dfrac{\sin\alpha}{\cos\alpha} = \dfrac{4}{3}$$

【**实例 4**】 已知 $\sin\alpha = \dfrac{3}{5}$，且 α 是第二象限的角. 求 $\cos\alpha$、$\tan\alpha$.

解 因为 $\sin^2\alpha + \cos^2\alpha = 1$，所以

$$\cos^2\alpha = 1 - \sin^2\alpha = 1 - \left(\dfrac{3}{5}\right)^2 = \dfrac{16}{25}$$

由于 α 是第二象限的角，因此 $\cos\alpha < 0$，从而得

$$\cos\alpha = -\dfrac{4}{5}$$

$$\tan\alpha = \dfrac{\sin\alpha}{\cos\alpha} = \dfrac{\dfrac{3}{5}}{-\dfrac{4}{5}} = -\dfrac{3}{4}$$

专业应用

在电学中经常会出现三角函数，如发电机线圈所在位置与中性面垂直时产生的磁感应强度最大为 B_m，发电机线圈所在位置与中性面平行时产生的磁感应强度最小为 0，发电机线圈所在位置与中性面成 α 产生的磁感应强度为 $B_m\sin\alpha$；用电器的有用功率用 $\cos\theta$ 表示，无用功率用 $\sin\theta$ 表示等.

小　结

1. 任意角的三角函数定义

$$\sin\alpha = \frac{y}{r};\quad \cos\alpha = \frac{x}{r};\quad \tan\alpha = \frac{y}{x}$$

2. 同角三角函数的关系式

（1）平方关系：$\sin^2\alpha + \cos^2\alpha = 1$

（2）商数关系：$\tan\alpha = \dfrac{\sin\alpha}{\cos\alpha}$

3. 三角函数诱导公式

（1）$-\alpha$ 与 α 的三角函数关系

$$\sin(-\alpha) = -\sin\alpha,\ \cos(-\alpha) = \cos\alpha,\ \tan(-\alpha) = -\tan\alpha$$

（2）$\pi+\alpha$ 与 α 的三角函数关系

$$\sin(\pi+\alpha) = -\sin\alpha,\ \cos(\pi+\alpha) = -\cos\alpha,\ \tan(\pi+\alpha) = \tan\alpha$$

（3）$\pi-\alpha$ 与 α 的三角函数关系

$$\sin(\pi-\alpha) = \sin\alpha,\ \cos(\pi-\alpha) = -\cos\alpha,\ \tan(\pi-\alpha) = -\tan\alpha$$

（4）$2\pi-\alpha$ 与 α 的三角函数关系

$$\sin(2\pi-\alpha) = -\sin\alpha,\ \cos(2\pi-\alpha) = \cos\alpha,\ \tan(2\pi-\alpha) = -\tan\alpha$$

课题三　三角函数的应用

已知角的大小，可以根据三角函数的定义求出三角函数值. 三角函数的应用非常广泛，例如：已知三角函数值，可以求出角的大小. 另外，在研究三角函数与电工、电路实际问题时，常常需要计算 $\alpha+\beta$、$\alpha-\beta$ 的三角函数值，该如何处理这些问题呢？

知识要点

◎ 反三角函数的定义

◎ 两角的和、差公式

能力要求

◎ 掌握利用反三角函数求角的方法，解决电学中的实际问题

◎ 利用两角的和差公式解决电学中的实际问题

基本知识

一、由已知三角函数值求角

当 α 为锐角时，根据三角函数值可以得到唯一的与之对应的一个角.

例如，由 $\sin\alpha = \dfrac{1}{2}$ 可以得到 $\alpha = 30°$. 当角从锐角推广到任意角后，三角函数值与角的关系还是唯一对应的吗？如果限定角的范围，结果又将如何？

下面通过具体例子进行讨论：

已知一个三角函数值，怎样求给定范围中对应的角？

例：已知 $\sin\alpha = \dfrac{1}{2}$，$0 < \alpha < 2\pi$. 求 α.

解　因为 $\sin\alpha = \dfrac{1}{2} > 0$，所以 α 在第一象限或第二象限.

当 α 在第一象限时，由 $\sin\dfrac{\pi}{6} = \dfrac{1}{2}$，得

$$\alpha = \frac{\pi}{6}$$

当 α 在第二象限时，由 $\sin\left(\pi - \dfrac{\pi}{6}\right) = \sin\dfrac{\pi}{6} = \dfrac{1}{2}$，得

$$\alpha = \pi - \frac{\pi}{6} = \frac{5\pi}{6}$$

所以，所求的角 α 为 $\dfrac{\pi}{6}$ 或 $\dfrac{5\pi}{6}$.

根据正弦函数图像的性质，为了使符合条件 $\sin x = a\,(-1 \leqslant a \leqslant 1)$ 的角 x 有且只有一个，我们选择闭区间 $\left[-\dfrac{\pi}{2}, \dfrac{\pi}{2}\right]$ 作为基本范围. 在这个闭区间上，符合条件 $\sin x = a\,(-1 \leqslant a \leqslant 1)$ 的角 x，叫作**实数 a 的反正弦**，记作 $\arcsin a$，即 $x = \arcsin a$，其中 $x \in \left[-\dfrac{\pi}{2}, \dfrac{\pi}{2}\right]$，$-1 \leqslant a \leqslant 1$ 且 $a = \sin x$.

例如，
$$\frac{\pi}{4} = \arcsin\frac{\sqrt{2}}{2}, \quad \frac{3\pi}{4} = \pi - \arcsin\frac{\sqrt{2}}{2}$$

类似地，我们选择闭区间 $[0, \pi]$ 作为基本范围，在这个闭区间上，符合条件 $\cos x = a$ $(-1 \leqslant a \leqslant 1)$ 的角 x，叫作**实数 a 的反余弦**，记作 $\arccos a$，即 $x = \arccos a$，其中 $x \in [0, \pi]$，$-1 \leqslant a \leqslant 1$ 且 $a = \cos x$.

例如，
$$\frac{\pi}{3} = \arccos\frac{1}{2}, \quad \frac{4\pi}{3} = \pi + \arccos\frac{1}{2}$$

我们还可以选择开区间 $\left(-\dfrac{\pi}{2}, \dfrac{\pi}{2}\right)$ 作为基本范围，在这个开区间内，符合条件 $\tan x = a\,(a \in \mathbf{R})$ 的角 x，叫作**实数 a 的反正切**，记作 $\arctan a$，即 $x = \arctan a$，其中 $x \in \left(-\dfrac{\pi}{2}, \dfrac{\pi}{2}\right)$，$a \in \mathbf{R}$ 且 $a = \tan x$.

例如，
$$\frac{\pi}{3} = \arctan\sqrt{3}, \quad -\frac{\pi}{4} = \arctan(-1)$$

二、两角和与差的正弦、余弦

例如：$\cos(45°-30°)$、$\sin(45°-30°)$ 等. 如何利用两个角的三角函数值来计算这两个角和与差的三角函数值？

两角和与差的正弦公式
$$\sin(\alpha+\beta) = \sin\alpha\cos\beta + \cos\alpha\sin\beta$$
$$\sin(\alpha-\beta) = \sin\alpha\cos\beta - \cos\alpha\sin\beta$$

两角和与差的余弦公式
$$\cos(\alpha+\beta) = \cos\alpha\cos\beta - \sin\alpha\sin\beta$$
$$\cos(\alpha-\beta) = \cos\alpha\cos\beta + \sin\alpha\sin\beta$$

一般地
$$a\sin\alpha + b\cos\alpha = A(\sin\alpha\cos\varphi + \cos\alpha\sin\varphi) = A\sin(\alpha+\varphi)$$

其中，$A = \sqrt{a^2+b^2}$，角 φ 的大小由 $\tan\varphi = \dfrac{b}{a}$ 来确定，角 φ 所在象限由 a、b 的符号来确定，即角 φ 所在的象限就是点 (a, b) 所在的象限，如图4-4所示.

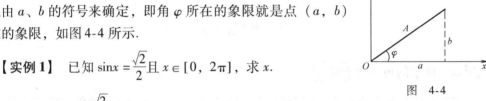

图 4-4

【实例1】 已知 $\sin x = \dfrac{\sqrt{2}}{2}$ 且 $x \in [0, 2\pi]$，求 x.

解 由于 $\sin x = \dfrac{\sqrt{2}}{2} > 0$，所以 x 是第一或第二象限角.

符合条件的第一象限角是
$$x = \arcsin\frac{\sqrt{2}}{2} = \frac{\pi}{4}$$

符合条件的第二象限角是
$$x = \pi - \arcsin\frac{\sqrt{2}}{2} = \frac{3\pi}{4}$$

因此，所求 x 的值为 $x = \dfrac{\pi}{4}$ 或 $x = \dfrac{3\pi}{4}$.

【实例2】 时钟的秒针逆时针方向旋转了 $75°$，求 $\sin75°$、$\cos75°$的值.

解 利用两角和与差的正弦公式，得
$$\sin75° = \sin(45°+30°)$$
$$= \sin45°\cos30° + \cos45°\sin30°$$
$$= \frac{\sqrt{2}}{2} \times \frac{\sqrt{3}}{2} + \frac{\sqrt{2}}{2} \times \frac{1}{2}$$
$$= \frac{\sqrt{6}+\sqrt{2}}{4}$$

利用两角和与差的余弦公式，得

$$\cos 75° = \cos(45° + 30°)$$

$$= \cos 45° \cos 30° - \sin 45° \sin 30°$$

$$= \frac{\sqrt{2}}{2} \times \frac{\sqrt{3}}{2} - \frac{\sqrt{2}}{2} \times \frac{1}{2}$$

$$= \frac{\sqrt{6} - \sqrt{2}}{4}$$

【实例3】 把 $2\sin\alpha - 2\cos\alpha$ 化成 $A\sin(\alpha + \varphi)$ 的形式.

解 由 $a = 2$，$b = -2$，得

$$A = \sqrt{a^2 + b^2} = 2\sqrt{2}$$

$$\tan\varphi = \frac{b}{a} = -1$$

因为点 （2，-2）在第四象限，则角 φ 也在第四象限，
由 $\tan(-45°) = -\tan 45° = -1$，得

$$\varphi = -45°$$

或由 $\tan(360° - 45°) = -\tan 45° = -1$，

得

$$\varphi = 360° - 45° = 315°$$

于是

$$2\sin\alpha - 2\cos\alpha = 2\sqrt{2}\sin(\alpha - 45°)$$

或

$$2\sin\alpha - 2\cos\alpha = 2\sqrt{2}\sin(\alpha + 315°)$$

【实例4】 在处理交流电路时，经常会遇到电流叠加计算的问题. 如图 4-5 所示，已知电流强度 $i_1 = 20\sin(\omega t + 60°)$，$i_2 = 10\sin(\omega t - 30°)$. 求总电流强度 i. （$i = i_1 + i_2$）

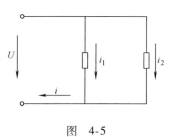

图 4-5

解 $i = i_1 + i_2$

$$= 20\sin(\omega t + 60°) + 10\sin(\omega t - 30°)$$

$$= 20(\sin\omega t \cos 60° + \cos\omega t \sin 60°) + 10(\sin\omega t \cos 30° - \cos\omega t \sin 30°)$$

$$= \left(\frac{1}{2} \times 20 + \frac{\sqrt{3}}{2} \times 10\right)\sin\omega t + \left(\frac{\sqrt{3}}{2} \times 20 - \frac{1}{2} \times 10\right)\cos\omega t$$

$$= 18.7\sin\omega t + 12.3\cos\omega t$$

此时，$a = 18.7$，$b = 12.3$，点（18.7，12.3）在第一象限，

由 $A = \sqrt{(18.7)^2 + (12.3)^2} = 22.4$，及 $\tan\varphi = \dfrac{12.3}{18.7}$，得

$$\varphi = 33.5°$$

于是得

$$i = i_1 + i_2 = 18.7\sin\omega t + 12.3\cos\omega t = 22.4\sin(\omega t + 33.5°)$$

专业应用

在交流电路中使用的元件不仅有电阻，而且还有电感和电容，所有元器件都可以看作是电阻、电感和电容的组合，只不过在进行分析时近似看作是纯电阻、纯电感或者纯电容。在交流电路中进行串并联运算时电流、电压的关系依然满足欧姆定律，即并联电路总电流等于各支路电流之和、串联电路总电压等于各负载上的电压之和，但是由于电阻、电感、电容存在着相位差，涉及电压叠加、电流叠加就需要用到两角和与差的正弦和余弦、反正弦、反余弦及反正切了。另外，很多仪器仪表都使用了线圈，在推导其工作原理时往往会用到和差化积或积化和差的公式。

小　结

1. 反三角函数

（1）反正弦函数：$x = \arcsin\alpha$；

（2）反余弦函数：$x = \arccos\alpha$；

（3）反正切函数：$x = \arctan\alpha$。

2. 两角和与差的正弦公式

$$\sin(\alpha + \beta) = \sin\alpha\cos\beta + \cos\alpha\sin\beta$$

$$\sin(\alpha - \beta) = \sin\alpha\cos\beta - \cos\alpha\sin\beta$$

3. 两角和与差的余弦公式

$$\cos(\alpha + \beta) = \cos\alpha\cos\beta - \sin\alpha\sin\beta$$

$$\cos(\alpha - \beta) = \cos\alpha\cos\beta + \sin\alpha\sin\beta$$

4. $a\sin\alpha + b\cos\alpha = A(\sin\alpha\cos\varphi + \cos\alpha\sin\varphi) = A\sin(\alpha + \varphi)$，其中，$A = \sqrt{a^2 + b^2}$，角 φ 的大小由 $\tan\varphi = \dfrac{b}{a}$ 来确定。

课题四　正弦函数的图像和性质

正弦函数在工程中应用很广泛，我们日常生产和生活中用的电大部分为交流电，用跟踪示波器测得正弦电压的波形如图 4-6 所示。交流电的电压、电流可用数学表达式表示：$u = U_m\sin(\omega t + \varphi_u)$，$i = I_m\sin(\omega t + \varphi_i)$。

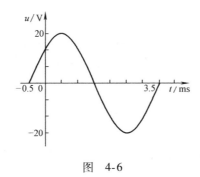

图 4-6

 基本知识

一、正弦函数 $y = \sin x$，$x \in [0, 2\pi]$ 的图像

五点法作函数 $y = \sin x$，$x \in [0, 2\pi]$ 的简图，如图 4-7 所示.

在作正弦函数 $y = \sin x$，$x \in [0, 2\pi]$ 的图像时，我们采用描点法，其中起关键作用的是函数 $y = \sin x$，$x \in [0, 2\pi]$ 与 x 轴的交点及最高点和最低点这 5 个点，它们的坐标分别是 $(0, 0)$、$\left(\dfrac{\pi}{2}, 1\right)$、$(\pi, 0)$、$\left(\dfrac{3}{2}\pi, -1\right)$、$(2\pi, 0)$.

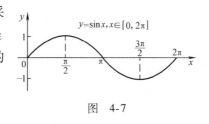

图 4-7

将这 5 个关键点用光滑曲线连接起来，得到函数的简图，这种方法称为**"五点法"作图**.

事实上，由于终边相同的角的正弦函数值值相等，即 $\sin(x + 2k\pi) = \sin x$，$k \in \mathbf{Z}$. 所以，把正弦函数 $y = \sin x$ 在区间 $[0, 2\pi]$ 上的图像向左、向右分别平移 2π、4π、6π、……个单位，得到正弦函数 $y = \sin x(x \in \mathbf{R})$ 的图像，如图 4-8 所示. 我们把正弦函数 $y = \sin x(x \in \mathbf{R})$ 的图像叫作**正弦曲线**.

二、正弦函数 $y = \sin x$ 的性质

由图 4-8 可知，正弦函数 $y = \sin x$ 具有的性质有：

1. 定义域：$x \in \mathbf{R}$.

2. 值域：$y \in [-1, 1]$.

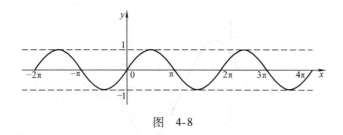

图　4-8

当 $x = \dfrac{\pi}{2} + 2k\pi\,(k \in \mathbf{Z})$ 时，正弦函数 $y = \sin x$ 取得最大值 1；当 $x = \dfrac{3\pi}{2} + 2k\pi\,(k \in \mathbf{Z})$ 时，取得最小值 -1.

3. 周期性：$2k\pi$，其中 $T = 2\pi$ 是函数的最小正周期.

4. 对称性：以原点为中心对称.

5. 单调性：在一个周期 $\left[-\dfrac{\pi}{2}, \dfrac{3\pi}{2} \right]$ 上的图像，在 $\left[-\dfrac{\pi}{2}, \dfrac{\pi}{2} \right]$ 上是增函数；在 $\left[\dfrac{\pi}{2}, \dfrac{3\pi}{2} \right]$ 上是减函数.

三、正弦型函数 $y = A\sin(\omega x + \varphi)$ 的图像

形如 $y = A\sin(\omega x + \varphi)$ （A、ω、φ 均为常数）的函数称为**正弦型函数**.

正弦型函数 $y = A\sin(\omega x + \varphi)$ 的图像可以由函数 $y = \sin x$ 的图像经过一系列变换而得到，所以它又叫作**正弦型曲线**. 我们把最大值 A（**振幅**）、**频率** $f = \dfrac{1}{T}\left(\text{周期 } T = \dfrac{2\pi}{\omega}\right)$、**初相** φ（相位为 $\omega x + \varphi$，ω 为**角频率**）称为**正弦曲线的三要素**，如果知道了这 3 个要素就可以得到正弦曲线. 正弦型曲线在物理学、电学和工程技术中应用十分广泛，为了掌握这类函数的变化特征，我们将讨论它的图像以及常数 A、ω、φ 对图像的影响.

1. 函数 $y = A\sin x$ （$A > 0$）的图像

用"五点法"作函数 $y = 2\sin x$ 和 $y = \dfrac{1}{2}\sin x$ 在一个周期的图像，并把它们与 $y = \sin x$ 的图像做对比.

（1）**列表**（见表 4-5）

表　4-5

x	0	$\dfrac{\pi}{2}$	π	$\dfrac{3\pi}{2}$	2π
$y = 2\sin x$	0	2	0	-2	0
$y = \dfrac{1}{2}\sin x$	0	$\dfrac{1}{2}$	0	$-\dfrac{1}{2}$	0

（2）**描点连线**

图像如图 4-9 所示.

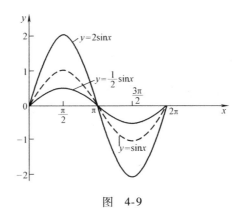

图　4-9

由图 4-9 可以看出，函数 $y = A\sin x\,(A > 0)$ 与 $y = \sin x$ 的图像有如下关系.

$$\boxed{y = \sin x} \xrightarrow[\text{横坐标不变}]{\text{纵坐标变为原来的 } A \text{ 倍}} \boxed{y = A\sin x}$$

2. 函数 $y = \sin\omega x\,(\omega > 0)$ 的图像

用"五点法"作函数 $y = \sin 2x$ 和 $y = \sin\dfrac{x}{2}$ 在一个周期的图像，并把它们与 $y = \sin x$ 的图像做对比.

（1）**列表**（见表 4-6）

表　4-6

$2x$	0	$\dfrac{\pi}{2}$	π	$\dfrac{3\pi}{2}$	2π
x	0	$\dfrac{\pi}{4}$	$\dfrac{\pi}{2}$	$\dfrac{3\pi}{4}$	π
$y = \sin 2x$	0	1	0	-1	0
$\dfrac{1}{2}x$	0	$\dfrac{\pi}{2}$	π	$\dfrac{3\pi}{2}$	2π
x	0	π	2π	3π	4π
$y = \sin\dfrac{x}{2}$	0	1	0	-1	0

（2）**描点连线**

图像如图 4-10 所示.

由图 4-10 可以看出，函数 $y = \sin\omega x\,(\omega > 0)$ 与 $y = \sin x$ 的图像有如下关系：

$$\boxed{y = \sin x} \xrightarrow[\text{纵坐标不变}]{\text{横坐标变为原来的 } \frac{1}{\omega}} \boxed{y = \sin\omega x}$$

3. 函数 $y = \sin(x + \varphi)$ 的图像

用"五点法"作函数 $y = \sin\left(x + \dfrac{\pi}{3}\right)$ 和 $y = \sin\left(x - \dfrac{\pi}{4}\right)$ 在一个周期的图像，并把它们与 $y = \sin x$ 的图像做对比.

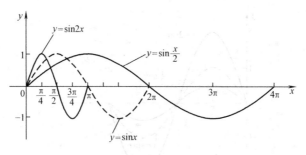

图 4-10

（1）**列表**（见表4-7）

表 4-7

$x + \dfrac{\pi}{3}$	0	$\dfrac{\pi}{2}$	π	$\dfrac{3\pi}{2}$	2π
x	$-\dfrac{\pi}{3}$	$\dfrac{\pi}{6}$	$\dfrac{2\pi}{3}$	$\dfrac{7\pi}{6}$	$\dfrac{5\pi}{3}$
$y = \sin\left(x + \dfrac{\pi}{3}\right)$	0	1	0	-1	0
$x - \dfrac{\pi}{4}$	0	$\dfrac{\pi}{2}$	π	$\dfrac{3\pi}{2}$	2π
x	$\dfrac{\pi}{4}$	$\dfrac{3\pi}{4}$	$\dfrac{5\pi}{4}$	$\dfrac{7\pi}{4}$	$\dfrac{9\pi}{4}$
$y = \sin\left(x - \dfrac{\pi}{4}\right)$	0	1	0	-1	0

（2）**描点连线**

图像如图 4-11 所示.

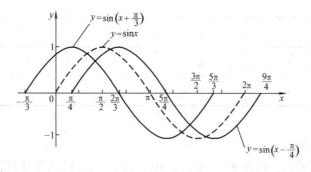

图 4-11

由图 4-11 可以看出，函数 $y = \sin(x + \varphi)$ 与 $y = \sin x$ 的图像有如下关系：

$$\boxed{y = \sin x} \xrightarrow[\varphi < 0时，向右平移 |\varphi| 个单位]{\varphi > 0时，向左平移 |\varphi| 个单位} \boxed{y = \sin(x + \varphi)}$$

4. 函数 $y = A\sin(\omega x + \varphi)$ $(A > 0,\ \omega > 0)$ 的图像

综上所述，$y = A\sin x$、$y = \sin\omega x$ 和 $y = \sin(x + \varphi)$ 的图像都可以由正弦曲线 $y = \sin x$ 分

别经过振幅和周期以及起点的平移得到，总结规律如下：

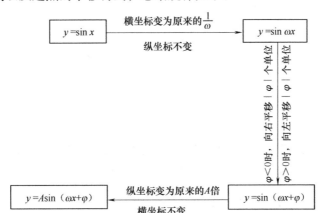

【实例 1】　利用坐标变换的方法，根据函数 $y = \sin x$ 的图像画出函数 $y = 3\sin\left(2x - \dfrac{\pi}{4}\right)$ 的图像.

解　（1）先把 $y = \sin x$ 图像上所有点的横坐标缩小到原来的 $\dfrac{1}{2}$（纵坐标不变），得到 $y = \sin 2x$ 的图像.

（2）因为 $y = \sin\left(2x - \dfrac{\pi}{4}\right) = \sin 2\left(x - \dfrac{\pi}{8}\right)$，所以把 $y = \sin 2x$ 图像上的所有点向右平移 $\dfrac{\pi}{8}$ 个单位（纵坐标不变），得到 $y = \sin\left(2x - \dfrac{\pi}{4}\right)$ 的图像.

（3）把 $y = \sin\left(2x - \dfrac{\pi}{4}\right)$ 图像上所有点的纵坐标扩大到原来的 3 倍（横坐标不变），得到函数 $y = 3\sin\left(2x - \dfrac{\pi}{4}\right)$ 的图像. 结果如图 4-12 所示.

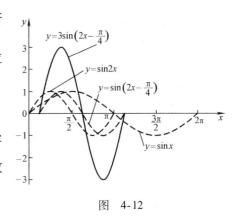

图　4-12

专业应用

大多数家用电器如电风扇、洗衣机、空调等都是以 220V/50Hz 交流电为电源的，还有一些电器如手机、电动车都是通过充电器将 220V 交流电转变为所需的直流电压进行充电的；而电视机、计算机等可自行将 220V 交流电转变为所需的直流电压.

大小和方向按正弦规律变化的交流电称为正弦交流电，如图 4-13 所示，可以是电流、电压、电动势. 我们把最大值 A、频率 $f = \dfrac{1}{T}$（周期 $T = \dfrac{2\pi}{\omega}$）、初相 φ_0（相位为 $\omega x + \varphi$，ω 为角频率）称为正弦交流电的三要素. 需要注意的是，最大值是指最大瞬时值的绝对值，负的最大值是指反向的最大值，而不是最小值.

只有对于频率相同的正弦交流电的相位差才是不变的，分析电路时常常需要比较它们

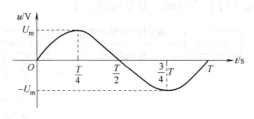

图 4-13

在时间上的相位关系，两个同频率正弦量的相位之差称为相位差，用 φ 表示.

【实例 2】 试求 $f = 50\,\text{Hz}$ 的正弦交流电的周期和角频率.

解 周期 $T = \dfrac{1}{f} = \dfrac{1}{50}\text{Hz} = 0.02\text{s}$（$1\text{Hz} = 1\text{s}^{-1}$）；

角频率 $\omega = 2\pi f = 2\pi \times 50\,\text{rad/s} = 100\pi\,\text{rad/s}$.

我国电力系统的额定功率，即工频为 50Hz.

【实例 3】 用跟踪示波器测得正弦电压在一个周期内的波形如图 4-14 所示，试写出 u 的瞬时表达式.

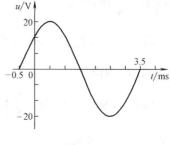

图 4-14

解 设 u 的瞬时表达式 $u = U_{\text{m}}\sin(\omega t + \varphi)\,\text{V}$，由图 4-13 可知：

（1）**周期和角频**

$$\omega = \frac{2\pi}{T} = \frac{2\pi}{4 \times 10^{-3}}\text{rad/s} = 500\pi\,\text{rad/s}$$

（2）**最大值** $U_{\text{m}} = 20\text{V}$.

（3）**初相**

因为起点为 $\left(-\dfrac{\varphi}{\omega},\ 0\right)$，由图可知，坐标为 $(-0.5 \times 10^{-3},\ 0)$. 所以，当 $t = -0.5 \times 10^{-3}\text{s}$ 时，$u = 0$.

所以 $\qquad -\dfrac{\varphi}{\omega} = -0.5 \times 10^{-3}\text{s}$

即 $\quad \varphi = -\omega \times (-0.5 \times 10^{-3}\text{s}) = -500\pi \times (-0.5) \times 10^{-3}\text{rad} = 0.25\pi\,\text{rad} = \dfrac{\pi}{4}\,\text{rad}$.

于是，u 的瞬时表达式为 $u = 20\sin\left(500\pi t + \dfrac{\pi}{4}\right)\text{V}$.

【实例 4】 已知正弦交流电 $i(\text{A})$ 与时间 $t(\text{s})$ 的函数关系为 $i = 30\sin\left(100\pi t - \dfrac{\pi}{4}\right)$，写出电流的最大值、周期、频率和初相.

解 电流 i 的最大值 $\qquad\qquad I_{\text{max}} = 30\text{A}$

周期 $\qquad\qquad T = \dfrac{2\pi}{100\pi}\text{s} = 0.02\text{s}$

频率 $\qquad\qquad f = \dfrac{1}{T} = \dfrac{1}{0.02} = 50\text{Hz}$

初相 $$\varphi = -\frac{\pi}{4}$$

【实例 5】 设有两个同频率的正弦量为 $u = U_{\mathrm{m}}\sin(\omega t + \varphi_u)$，$i = I_{\mathrm{m}}\sin(\omega t + \varphi_i)$，问 u 与 i 的相位差为多少?

解 $\Delta\varphi = (\omega t + \varphi_u) - (\omega t + \varphi_i) = \varphi_u - \varphi_i$.

两个同频率正弦量的相位差 $\Delta\varphi$ 等于它们的初相之差，其范围为
$$|\Delta\varphi| \leqslant \pi$$

小 结

1. 函数图像的作图方法，其中重点是正弦曲线的五点作图法，这 5 个点分别为 $(0, 0)$，$\left(\frac{\pi}{2}, 1\right)$，$(\pi, 0)$，$\left(\frac{3\pi}{2}, -1\right)$，$(2\pi, 0)$.

2. **最大值 A**（振幅）、**频率 $f = \frac{1}{T}$**（周期 $T = \frac{2\pi}{\omega}$）、**初相 φ**（相位为 $\omega x + \varphi$，ω 为**角频率**）称为正弦曲线的三要素.

3. 依据正弦交流电的图像，求交流电的最大值、周期、频率和初相等参数.

4. 我国电力系统的额定频率，即工频为 50Hz.

课题五 直角三角形及其应用

如图 4-15 所示，古埃及人通过测量手杖阴影和金字塔阴影的长度，可以快速计算出金字塔的高度. 他们先用手杖的高度和手杖阴影的长度计算出 θ 角，然后用金字塔倒影的长度乘以 θ 角的正切值，从而得到金字塔的高度，其中运用的就是求解直角三角形的知识——勾股定理.

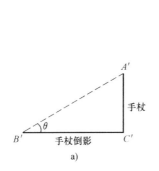
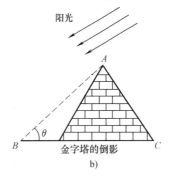

图 4-15

据载，最早三国时期数学家赵爽在为《周髀算经》作注时把直角三角形中较短的直角边称为勾，较长的直角边称为股，斜边称为弦，"勾股定理"因此而得名，如图 4-16 所示，在西方称为毕达哥拉斯定理.

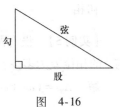

图　4-16

2002 年的数学家大会（ICM—2002）在北京召开，这届大会会标的中央图案正是经过艺术处理的弦图如图 4-17 所示，这标志着中国古代的数学成就. 打开外面正方形的边并放大里边的正方形，如图 4-18 所示，代表着数学家思路的开阔与中国的开放，颜色的明暗使其看上去又像一只转动的纸风车，欢迎来自世界各地的数学家们！

图　4-17

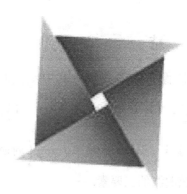

图　4-18

知识要点

◎ 勾股定理及相关公理

◎ 相似三角形的特性

能力要求

◎ 掌握勾股定理及其相关公理的应用

◎ 理解相似三角形，掌握相似直角三角形的应用

◎ 能够进行阻抗三角形、电压三角形的计算

基本知识

一、勾股定理

1. 定理

直角三角形两直角边的平方和等于斜边的平方.

如图 4-19 所示 Rt△ABC 中，用数学表达式表示三边之间的关系：

$$a^2 + b^2 = c^2$$

勾股定理的逆定理：如果一个三角形的一条边的平方等于另外两条边的平方和，那么这个三角形是直角三角形.

2. 相关公理

（1）**直角三角形的两个锐角互余** 三角形的三条边与三个角称为三角形的基本元素. 在图 4-19 所示 $Rt\triangle ABC$ 中，有一角是直角，剩余两锐角之间的关系为

$$\angle A + \angle B = 90°$$

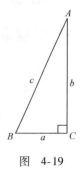

图 4-19

（2）**边角之间的关系**

$$\sin A = \frac{a}{c}$$

$$\cos A = \frac{b}{c}$$

$$\tan A = \frac{a}{b}$$

3. 勾股定理的应用

可使用勾股定理求出直角三角形的边长.

例如，已知边长 a 和 b，则未知边长 c 为

$$c = \sqrt{a^2 + b^2} \quad （不考虑负值）$$

求 a 时，由 $a^2 = c^2 - b^2$ 得 $a = \sqrt{c^2 - b^2}$；

求 b 时，由 $b^2 = c^2 - a^2$ 得 $b = \sqrt{c^2 - a^2}$.

二、相似直角三角形

对应角相等、对应边成比例的两个三角形叫作**相似三角形**. 有一个锐角相等的两个直角三角形相似.

如图 4-20 所示，把 $Rt\triangle ABC$ 的 AB 和 AC 边延长为原来的 2 倍得到 $Rt\triangle AB'C'$，因 $\angle A$ 没变，两边按比例延长，与原三角形 $Rt\triangle ABC$ 相似. 同理，把 $Rt\triangle AB'C'$ 的 AB' 和 AC' 边按比例延长得到 AB''、AC''，$B'C' /\!/ B''C''$，$Rt\triangle AB''C''$ 与 $Rt\triangle AB'C'$ 相似.

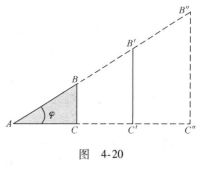

图 4-20

【实例 1】 如图 4-21 所示，一棵大树在一次强烈的地震中于离地面 10m 处折断倒下，树顶落在离树根 24m 处. 大树在折断之前高多少？

解 根据勾股定理，令

$$a = 10m, \quad b = 24m$$

则有

$$c = \sqrt{a^2 + b^2} = \sqrt{10^2 + 24^2}m = \sqrt{676}m = 26m$$

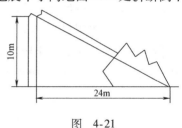

图 4-21

大树折断之前高度应为　$26m + 10m = 36m$

专业应用

电的产生改变了这个世界，其实发电厂发的电并没有全部得到有效利用，只是输出功率的电能得到了有效利用，不能输出的部分以不同的存在方式来回转化却不能产生效率．我们把能得到有效利用的电能称为**有功电能**，在电路中以其他形式出现但不能得到有效利用的电能称为**无功电能**．发电厂产生的电能与有功电能、无功电能之间满足勾股定理，即

$$A^2 = A_P^2 + A_Q^2$$

其中，A 表示发电机产生的电能，A_P 表示有功电能，A_Q 表示无功电能．

勾股定理在电学中应用非常广泛，特别是在交流电路中，勾股定理是极其重要的．

在 RL 串联交流电路中，电阻 R、感抗 X_L 和阻抗 Z 三者之间满足直角三角形的对应关系．如图 4-22 所示，直角三角形的斜边与阻抗 Z 对应，φ 的邻边与电阻 R 对应，φ 对应的边与感抗 X_L 对应，φ 是阻抗与电阻之间的夹角，称为**阻抗角**．

根据欧姆定律，电阻 R、感抗 X_L 和阻抗 Z 乘以电流 I，可得 $U_R = IR$、$U_L = IX_L$ 及 $U = IZ$，如图 4-23 所示，阻抗三角形与电压三角形相似．

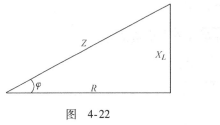

图　4-22

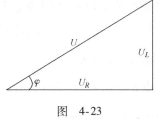

图　4-23

电阻 R、感抗 X_L 和阻抗 Z 组成的直角三角形称为**阻抗三角形**，满足 $Z^2 = R^2 + X_L^2$；U_R、U_L 和 U 组成的直角三角形称为**电压三角形**，满足 $U^2 = U_R^2 + U_L^2$．

三相异步电动机的绕组既有电阻，又有感抗，可认为是 RL 串联电路．

【实例2】　小明妈妈买了一台 $29in(74cm)$ 的液晶彩电，小明量了屏幕的长是 58cm、宽是 46cm，他觉得这不是一台 29in 的电视机．你能帮助小明解释这是为什么吗？

分析：电视机的尺寸是看它的对角线的长度，对角线可以用勾股定理计算．两条较短边已知的情况下，只要利用勾股定理就可以算出较长边的长度，如果两者相等，说明小明妈妈说的是对的，否则就是小明妈妈搞错了．但在实际问题中是允许误差存在的．

解　因为 $58^2 + 46^2 = 5480$，$\sqrt{5480} \approx 74.03$．

所以，这台电视机是 29in．

【实例3】　已知某三相异步电动机每相的电阻为 6Ω、感抗为 8Ω，加在每相绕组的相电压为 220V．求电动机每相绕组流过的电流．

解　每相绕组的阻抗为

$$Z = \sqrt{R^2 + X_L^2} = \sqrt{6^2 + 8^2}\,\Omega = 10\Omega$$

电动机每相绕组流过的电流为

$$I = \frac{U}{Z} = \frac{220}{10}\text{A} = 22\,\text{A}$$

小　结

1. 直角三角形三边关系式

$$a^2 + b^2 = c^2$$

2. 对应角相等、对应边成比例的两个三角形叫作相似三角形. 有一个锐角相等的两个直角三角形相似.

3. 阻抗三角形与电压三角形都是直角三角形, 并且是相似三角形.

模块五　电学中的"虚数"

有两个表达式：$u_1 = 220\sin(314t + 30°)\,\text{V}$，$u_2 = 110\sin(314t - 30°)\,\text{V}$，我们能不能求出 $u_1 + u_2$ 呢？用三角函数公式，还是用图像法？我们知道，正弦交流电有三要素，对比这两个式子的特点可知，三要素中有一个要素是相同的，即频率. 但我们还是不知道应该怎样计算. 学习了本章内容后，就会用复数的运算法则计算电工学中有关交流电的复杂运算了.

课题一　认识复数及复平面

如图 5-1 所示，你的感觉是什么呢？

图　5-1

若让黑猩猩照镜子，它立刻就会觉得镜中的同伴就是自己；鹦鹉也深信镜子中的鹦鹉是自己. 大脑越发达的动物，就能越快地发觉镜中是自己的像. 通过镜子或透镜看到的物体称为**虚像**.

在数学领域，这种现象也可用平面表现出来. 边长为 $x\,\text{m}$ 的正方形的面积为 $-4\,\text{m}^2$，试求 x 的长度. 即

$$x^2 = -4$$

问题很奇怪，面积为负值，从常识的角度来看——不可思议？

从实数的角度来考虑，面积为负时 x 的长度是无法求出的，但若考虑到虚数，就是另一番景象了.

知识要点

◎ 虚数单位

◎ 复数定义

◎ 复平面的表示

◎ 共轭复数

能力要求

◎ 认识复数

◎ 学会复平面的表示方法

◎ 学会用复数的形式来区别电抗的类型

◎ 了解共轭复数的定义

基本知识

一、复数的概念

我们设一个虚数单位,用符号"i"(英文"虚数"一词的首字母为"i")表示,有 $i^2 = -1$.

形式为 bi(b 为实数,且 $b \neq 0$)的数叫作**纯虚数**. 例如,i、$-i$、$\sqrt{3}i$、$-\dfrac{\sqrt{2}}{2}i$、πi 等都是纯虚数.

形式为 $a + bi$ 的数叫作**复数**,其中,a、b 都是实数,分别叫作复数的**实部**和**虚部**. 复数常用符号 z 表示,即

$$z = a + bi(a,\ b\ 为实数)$$

由定义可知:

(1) 当 $b = 0$ 时,复数 $a + bi$ 就是实数 a;

(2) 当 $b \neq 0$ 时,复数 $a + bi$ 叫作虚数;

(3) 当 $a = 0$ 且 $b \neq 0$ 时,复数 bi 叫作纯虚数. 例如,$2i$、$-\sqrt{7}i$.

现在可以把数的范围扩大一下:

$$复数\begin{cases}实数 \quad z = a(b = 0) \begin{cases}有理数\begin{cases}整数 \\ 分数\end{cases} \\ 无理数\end{cases} \\ 虚数 \quad z = a + bi(b \neq 0) \begin{cases}纯虚数 \quad z = bi(a = 0) \\ 非纯虚数 \quad z = a + bi(a \neq 0)\end{cases}\end{cases}$$

关于复数大小的比较,我们规定:

(1) 如果两个复数 $z_1 = a_1 + b_1 i$ 与 $z_2 = a_2 + b_2 i$ 相等,那么它们的实部与虚部分别相等;

(2) 如果两个复数 $z_1 = a_1 + b_1 i$ 与 $z_2 = a_2 + b_2 i$ 不全是实数,则不能比较大小.

含有 i 的表达式不一定都是虚数，只有当 $a+bi$ 中的 $b\neq 0$ 时，它才是虚数．因此，要将任意给出的表达式化成 $a+bi$ 的形式后才能进行判断．例如，i^2（等于 -1）含有 i，但不是纯虚数．

$$i^0 = 1,\ i^1 = i,\ i^2 = -1,\ i^3 = -i,\ i^4 = 1$$

二、复数的平面表示

观察复数的表示形式可以发现，一个复数 $z = a+bi$ 与一对有序的实数 $(a,\ b)$ 之间存在一一对应的关系．

例如：
$$3-2i \quad\leftrightarrow\quad (3,\ -2)$$
$$-1+5i \quad\leftrightarrow\quad (-1,\ 5)$$
$$3i \quad\leftrightarrow\quad (0,\ 3)$$
$$-4 \quad\leftrightarrow\quad (-4,\ 0)$$

因此，我们规定一个复数 $z = a+bi$ 与坐标平面上一个点 $M(a,\ b)$ 存在一一对应的关系，并规定复数的实部 a 和虚部 b 分别是点 M 的横坐标和纵坐标，如图5-2所示．这样，复数就可以用平面直角坐标系内的一个点 $M(a,\ b)$ 来表示．

我们把这种用来表示复数的坐标平面叫作**复平面**，其中横轴叫作**实轴**，纵轴除原点以外的部分叫作**虚轴**．

例如，已知 $z_1 = 2-3i$，$z_2 = \sqrt{5}i$，$z_3 = -3$，$z_4 = -1+3i$ 四个复数，在复平面上描出它们所对应的点，如图5-3所示．

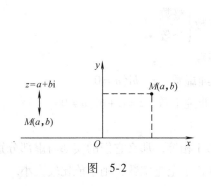

图 5-2

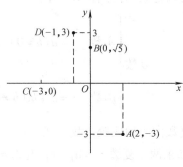

图 5-3

分析：复数 $z_1 = 2 - 3i$ 对应于点 $A(2, -3)$，在第四象限；复数 $z_2 = \sqrt{5}i$ 对应于点 $B(0, \sqrt{5})$，在虚轴的正半轴上；复数 $z_3 = -3$ 对应于点 $C(-3, 0)$，在实轴的负半轴上；复数 $z_4 = -1 + 3i$ 对应于点 $D(-1, 3)$，在第二象限.

三、共轭复数

观察下列两对复数在复平面图 5-4 上所对应点的位置，归纳它们的特点.

（1）$z_1 = 3 + i$ 与 $z_2 = 3 - i$；

（2）$z_1 = -1 + 2i$ 与 $z_2 = -1 - 2i$.

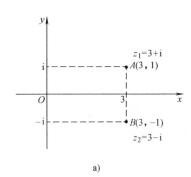 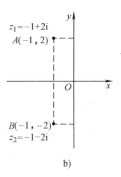

图　5-4

不难看出，以上两对复数在复平面上对应的点分别关于实轴对称.

我们称在复平面上关于实轴对称的点 (a, b) 和 $(a, -b)$ 所对应的两个复数 $a + bi$ 和 $a - bi$ 为一对**共轭复数**. 复数 $z = a + bi$ 的共轭复数用 $\bar{z} = a - bi$ 来表示，如图5-5 所示.

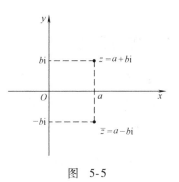

四、复数在电工学阻抗中的应用

图　5-5

在电工学中，电阻（R）、电感（L）、电容（C）都对电流有阻碍作用，只不过其阻碍作用的表现形式不同，图 5-6 所示为电工学中常见的 RLC 串联电路形象表示.

我们观察后发现：

（1）电阻的阻碍作用——电阻、电感的阻碍作用——感抗以及电容的阻碍作用——容抗在同一平面上；

（2）电感的阻碍作用与电容的阻碍作用的表现形式是相反的，并且与电阻的阻碍作用成垂直的关系.

基于这个重大发现，我们完全可以用复平面的表示方法来表示电阻、感抗和容抗的关系.

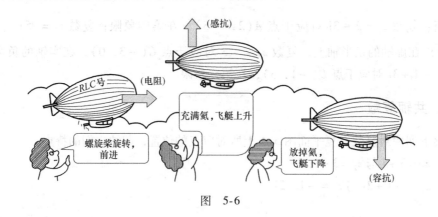

图 5-6

在电工学中，为了与电流的符号 i 相区别，用字母 j 表示虚数单位，并将 bi 写成 jb. 为了跟专业课表达方式一致，本书在编写过程中采用了 jb 的形式.

在电工学的运算中，电阻用实数 R 来表示，电容的容抗用 $-jX$ 表示，电感的感抗用 jX 表示，而总阻抗用复数表示，即 $R+jX$.

不同电抗不能比较其大小.

在电工学的运算中，阻抗的复数形式常称为**复阻抗**，用 $\overline{Z}$ 表示.

应用实例

【实例】 从下列给出的数值中，说明哪个可以表示电阻，哪个可以表示阻抗，哪个可以表示容抗，哪个可以表示感抗？

$3-j3$；$\sqrt{5}$；$j(6+\sqrt{3})$；$j^3\dfrac{2}{3}$.

解 $3-j3$ 表示的是阻抗；

$\sqrt{5}$ 表示的是电阻；

$j(6+\sqrt{3})$ 表示的是感抗；

$j^3\dfrac{2}{3}=-j\dfrac{2}{3}$，故表示的是容抗.

小 结

1. 形式为 $a+bi$ 的数叫作复数，其中，a，b 都是实数，分别叫作复数的实部和虚部.

2. 两个复数，如果不全是实数就不能比较其大小. 同样，不同电抗也不能比较其大小.

3. 在电工学的运算中，电阻用实数来表示，电容的容抗用 $-jX$ 表示，电感的感抗用 jX 表示，而电阻的总阻抗用复数表示，即 $R+jX$.

课题二 复数的向量形式及应用

在直角坐标中，我们可以用坐标来表示平面中的点；在复平面中，我们可以表示既有大小、又有方向的量，即**向量**. 向量的坐标表示，实际上是向量的代数表示. 引入向量的坐标表示，可使向量运算完全代数化，将数与形紧密地结合起来. 正弦交流电是既有大小、又有方向的量，用复数形式可以表示对应的正弦量，可以使用复数的运算法则，使复杂问题简单化.

知识要点
  ◎ 复数的模及辐角主值
  ◎ 正弦量的复数表示形式
能力要求
  ◎ 认识复数的模及辐角
  ◎ 能够将正弦量的解析式转换为复数的表示形式

 基本知识

一、复数的模

如图 5-7 所示，如果复数 $z = a + bi$ 对应于复平面上一个点 M，连接原点 O 和点 M，并把原点 O 看成线段 OM 的起点，M 看作终点，那么线段 OM 就是一条有方向的线段，它表示一个向量（既有大小，又有方向的量），记作 $\overrightarrow{OM}$.

复数 $z = a + bi$ 与复平面内所有从原点出发的向量之间存在着一一对应的关系.

向量 $\overrightarrow{OM}$ 的长 r 称为复数 $z = a + bi$ 的**模或绝对值**.

$$r = |z| = \sqrt{a^2 + b^2}$$

如果 $b = 0$，它的模 $r = |a|$.

如图 5-8 所示，用向量表示复数 $z_1 = 3i$ 和 $z_2 = 3 + 4i$，并分别求出它们的模.

图 5-7

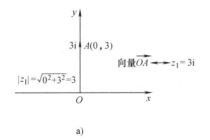

a)

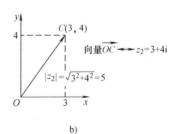

b)

图 5-8

在电工学中，用复数的模表示阻抗的大小.

在电工学中，用复数的模表示阻抗的大小是很常见的：例如，$\overline{Z}_1 = \mathrm{j}3\,\Omega$ 表示的是感抗，其大小为 $3\,\Omega$；$\overline{Z}_2 = (3 + \mathrm{j}4)\,\Omega$ 表示的是复阻抗，其大小为 $5\,\Omega$；$\overline{Z}_3 = (4 - \mathrm{j}3)\,\Omega$ 表示的是复阻抗，其大小为 $5\,\Omega$.

$\overline{Z}_2 = (3 + \mathrm{j}4)\,\Omega$ 与 $\overline{Z}_3 = (4 - \mathrm{j}3)\,\Omega$ 是不是相等？

分析：$\overline{Z}_2 = (3 + \mathrm{j}4)\,\Omega$ 表示的是 $3\,\Omega$ 的电阻与 $4\,\Omega$ 的感抗串联，而 $Z_3 = (4 - \mathrm{j}3)\,\Omega$ 表示的是 $4\,\Omega$ 的电阻与 $3\,\Omega$ 的容抗串联. 虽然这两个复数的模相等，也就是说总阻抗是相等的，但在电工学中属于不同的电路，所表现的性质也不同，同学们在运用过程中应注意区别，不要弄错.

二、复数的辐角与辐角主值

设非零复数 $z = a + b\mathrm{i}$ 对应于向量 $\overrightarrow{OM}$，以实轴的正半轴为始边，向量 $\overrightarrow{OM}$ 为终边所形成的角 θ，叫作复数 $z = a + b\mathrm{i}$ 的**辐角**，如图 5-9 所示.

非零复数 $z = a + b\mathrm{i}$ 的辐角有无穷多个，它们可以表示成 $\theta + 2k\pi$（其中 k 是整数）.

辐角 θ 中，满足 $0 \leqslant \theta \leqslant 2\pi$ 的值叫作**辐角主值**（在电工学中取 $-\pi \leqslant \theta \leqslant \pi$），记作 $\arg z$，如图 5-10 所示.

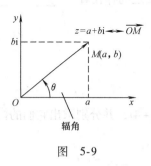

图 5-9

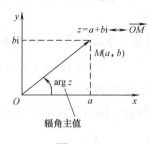

图 5-10

例如，复数 $z = 3 + 4\mathrm{i}$ 的辐角主值可记作 $\arg(3 + 4\mathrm{i})$ 或 $\arg z$. 由任意角的三角函数定义可知，若已知角 θ 终边上一点 M 的坐标为 (a, b)，则 $\tan\theta = \dfrac{b}{a}(a \neq 0)$，从而可以确定复数 $z = a + b\mathrm{i}\ (a \neq 0)$ 的辐角 θ，θ 所在象限就是复数 $z = a + b\mathrm{i}$ 所对应点 $M(a, b)$ 所在的象限.

向量的大小和方向可以用表示大小的模和从一定的基准算起的 θ 来表示，已知 $z = a + bi$ 的模 r 及辐角主值 θ，可以将其表示为 $z = r\angle\theta$ 的形式，这种表示方法称为**极坐标表示法**. $z = a + bi$ 称为**复数的代数形式**，$z = r\angle\theta$ 称为**复数的极坐标形式**.

用图来表示向量，可以用圆规画出半径为 4cm 的圆弧，用量角器画出以 x 轴的正半轴为始边的 $30°$ 角，从圆心到圆弧画一条引线，在其末端画上箭头，这样向量就表示出来了，如图 5-11 所示.

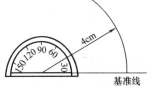

图　5-11

复数 0 的模为 0，辐角不存在.

例如，$z_1 = 3 - \sqrt{3}i$，因为 $a = 3$，$b = -\sqrt{3}$，$\tan\theta = \dfrac{b}{a} = -\dfrac{\sqrt{3}}{3}$，点 $M(3,\ -\sqrt{3})$ 在第四象限（见图 5-12），所以 $\arg z_1 = 2\pi - \dfrac{\pi}{6} = \dfrac{11\pi}{6}$.

又如，$z_2 = -1 + \sqrt{3}i$，因为 $a = -1$，$b = \sqrt{3}$，$\tan\theta = \dfrac{b}{a} = -\sqrt{3}$，点 $N(-1,\ \sqrt{3})$ 在第二象限（见图 5-13），所以 $\arg z_2 = \pi - \dfrac{\pi}{3} = \dfrac{2\pi}{3}$.

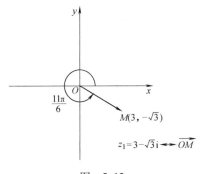

图　5-12

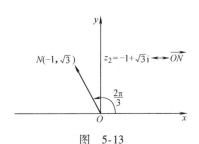

图　5-13

一对共轭复数 $z = a + bi$ 与 $\bar{z} = a - bi$ 在复平面上分别对应于点 A 和点 B，点 A 和点 B 关于 x 轴对称，如图 5-14 所示. 设复数 $z = a + bi$ 的模为 r，辐角为 θ，则共轭复数 $\bar{z} = a - bi$ 的模也是 r，辐角为 $-\theta$.

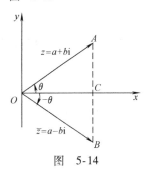

图　5-14

三、正弦量的复数表示

向量既有大小，又有方向，考察一对共轭复数所对应向量的特点，需要从大小（向量的模）和方向（关于坐标轴对称）两个方面考虑.

交流电的电流、电压随时间 t 变化的规律可以用正弦曲线 $y = A\sin(\omega t + \varphi)$ 来表示. 正弦交流电的特征由频率（或周期）、最大值（或有效值）和初相来确定，称为**正弦量的三要素**.

对于同频率的正弦电压和电流，因为频率不需要参加计算，只要求出有效值、初相两个要素，就能完整地把正弦量表示出来. 同样，复数也具有两个量——模和辐角. 也可以说，正弦量和复数之间存在着对应关系. 利用这种对应关系，可以用复数的模表示正弦量的有效值，用复数的辐角表示正弦量的初相位.

正弦交流电压的表达式和复数之间的对应关系可以表示为

$$u = \sqrt{2}U\sin(\omega t + \varphi) \Leftrightarrow U \angle \varphi = \dot{U}$$

或

$$u = \sqrt{2}U\sin(\omega t + \varphi) \Leftrightarrow U_{\mathrm{m}} \angle \varphi = \dot{U}_{\mathrm{m}}$$

正弦交流电流的表达式和复数之间的对应关系可以表示为

$$i = \sqrt{2}I\sin(\omega t + \varphi) \Leftrightarrow I \angle \varphi = \dot{I}$$

或

$$i = \sqrt{2}I\sin(\omega t + \varphi) \Leftrightarrow I_{\mathrm{m}} \angle \varphi = \dot{I}_{\mathrm{m}}$$

符号"$\Leftrightarrow$"表示两者互相对应的关系而不是相等的关系. 为了与一般的复数相区别，常在表示相量的大写字母上加"$\cdot$"符号. 其中 $\dot{U}_{\mathrm{m}}$、$\dot{I}_{\mathrm{m}}$ 表示的是最大值，$\dot{U}$、$\dot{I}$ 表示的是有效值. 两者的关系为 $\dot{U}_{\mathrm{m}} = \sqrt{2}\dot{U}$，$\dot{I}_{\mathrm{m}} = \sqrt{2}\dot{I}$. 这种用来表示正弦量的有效值（或最大值）及初相的复数称为**相量**.

复数可以在复平面上用一条带箭头的线段——向量来表示，用复数表示的正弦交流电也可以在复平面上用线段——相量来表示，线段的长度表示正弦量的模（即有效值），线段与实轴正方向的夹角表示正弦量的辐角（即初相位）. 一般情况下，复平面坐标可不画出，以实轴作基准线即可，如图 5-15 所示.

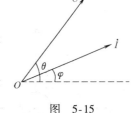

图 5-15

应用实例

【实例1】 用相量表示下列正弦量.

（1） $u = 170\sin(377t + 15°)$ V；

（2） $i = 17\sin(377t - 10°)$ A.

解 （1）**电压最大值相量** $\qquad \dot{U}_{\mathrm{m}} = 170 \angle 15° \mathrm{V}$

电压有效值相量 $\qquad\qquad \dot{U} = \dfrac{170}{\sqrt{2}} \angle 15° \mathrm{V}$

（2）电流最大值相量 $\qquad \dot{I}_{\mathrm{m}} = 17 \angle -10° \mathrm{A}$

电流有效值相量 $\qquad\qquad \dot{I} = \dfrac{17}{\sqrt{2}} \angle -10° \mathrm{A}$

【**实例2**】 已知：$u_1 = 100\sqrt{2}\sin\left(\omega t + \dfrac{\pi}{3}\right)\mathrm{V}$，$u_2 = 50\sqrt{2}\sin\left(\omega t - \dfrac{\pi}{4}\right)\mathrm{V}$.

（1）求有效值相量$\dot{U}_1$和$\dot{U}_2$；

（2）画出相量图.

解 （1）$\dot{U}_1 = \dfrac{100\sqrt{2}}{\sqrt{2}} \angle \dfrac{\pi}{3} = 100\angle 60°\mathrm{V}$，

$\dot{U}_2 = \dfrac{50\sqrt{2}}{\sqrt{2}} \angle -\dfrac{\pi}{4} = 50\angle -45°\mathrm{V}$；

（2）相量图如图5-16所示.

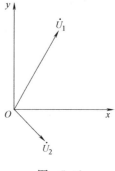

图 5-16

小 结

1. 复数$z = a + b\mathrm{i}$的模$r = |z| = \sqrt{a^2 + b^2}$.

2. 复数的辐角主值为$0 \leqslant \theta \leqslant 2\pi$，而在电工学中取$-\pi \leqslant \theta \leqslant \pi$.

3. 正弦量和复数之间存在着对应关系，可用复数来表示正弦量，也可以用相量图来进行表达.

课题三 复数的四种表示形式及相互转换

在关于交流电的研究中，电流、电压等物理量可用正弦型函数来描述，但是计算过程相当复杂. 将复数用三角形式表示，解决这类问题就变得十分简捷，从而确立了复数在交流电研究中的地位. 复数具有多种表示形式，并能进行相互转换，为以后电工学知识中的四则运算提供了很大方便.

> **知识要点**
> ◎ 复数的4种表示形式
> ◎ 复数表示形式的相互转换
>
> **能力要求**
> ◎ 学会复数的4种表示方法
> ◎ 学会复数表示形式的相互变换
> ◎ 学会求电工学中的阻抗

基本知识

通过前面的学习，我们知道：$z = a + b\mathrm{i}$称为复数的代数形式. 在做加减运算时，采用代数形式比较简单，但相对于其他运算来说是很麻烦的. 为了保证使用方便，复数一般有4种表示形式.

一、复数的三角形式

设复数 $z = a + bi$ 的模为 r，辐角为 θ，由图 5-17 可知 $z = a + bi = r\cos\theta + ir\sin\theta = r(\cos\theta + i\sin\theta)$，其中，$r = \sqrt{a^2 + b^2}$，$\cos\theta = \dfrac{a}{r}$，$\sin\theta = \dfrac{b}{r}$ 或 $\tan\theta = \dfrac{b}{a}$ $(a \neq 0)$. θ 所在的象限就是复平面上所对应点 $M(a, b)$ 所在的象限.

因此，任何一个复数 $z = a + bi$ 都可以表示成 $z = r(\cos\theta + i\sin\theta)$ 的形式. 我们把 $r(\cos\theta + i\sin\theta)$ 叫作**复数的三角形式**.

例如，将复数 $2\left(\cos\dfrac{2\pi}{3} + i\sin\dfrac{2\pi}{3}\right)$ 表示成代数形式.

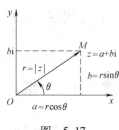

图 5-17

解 $\quad 2\left(\cos\dfrac{2\pi}{3} + i\sin\dfrac{2\pi}{3}\right) = 2\left[\cos\left(\pi - \dfrac{\pi}{3}\right) + i\sin\left(\pi - \dfrac{\pi}{3}\right)\right]$

$$= 2\left(-\cos\dfrac{\pi}{3} + i\sin\dfrac{\pi}{3}\right)$$

$$= 2\left(-\dfrac{1}{2} + i\dfrac{\sqrt{3}}{2}\right)$$

$$= -1 + \sqrt{3}\,i$$

复数 $z = -2\left(\cos\dfrac{\pi}{4} + i\sin\dfrac{\pi}{4}\right)$ 是不是复数的三角形式？

通过前面的学习，我们知道：复平面中向量 $\overrightarrow{OM}$ 的长 r 称为复数 $z = a + bi$ 的**模或绝对值**. 那么在复数的三角形式 $r(\cos\theta + i\sin\theta)$ 中，r 应当是非负实数.

$$z = -2\left(\cos\dfrac{\pi}{4} + i\sin\dfrac{\pi}{4}\right)$$

$$= 2\left[\cos\left(\pi + \dfrac{\pi}{4}\right) + i\sin\left(\pi + \dfrac{\pi}{4}\right)\right]$$

$$= 2\left(\cos\dfrac{5\pi}{4} + i\sin\dfrac{5\pi}{4}\right)$$

由此可见，$z = -2\left(\cos\dfrac{\pi}{4} + i\sin\dfrac{\pi}{4}\right)$ 的模是 2，辐角主值是 $\dfrac{5\pi}{4}$.

  1. 在复数的三角形式中，辐角 θ 的单位可以用弧度表示，也可以用度表示，可以只写主值，也可以在主值上加 $2k\pi$ 或 $k \cdot 360°$.

  2. 在复数的三角形式 $r(\cos\theta + i\sin\theta)$ 中，r 应当是非负实数，括号内的运算符号为 "＋" 号.

二、复数的极坐标形式

如图 5-18 所示，设复数 $z = a + bi$ 的模为 r，辐角为 θ，则复数 $z = a + bi$ 还可以用 $z = r\angle\theta$ 来表示，此时 $a = r\cos\theta$，$b = r\sin\theta$.

如将复数 $z = 3\angle -\dfrac{\pi}{2}$ 化为三角形式和代数形式做法如下：

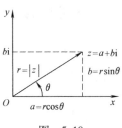

图 5-18

$$z = 3\angle -\frac{\pi}{2} = 3\left[\cos\left(-\frac{\pi}{2}\right) + i\sin\left(-\frac{\pi}{2}\right)\right] = 3(0 - i) = -3i$$

θ 的单位可以取弧度，也可以取度；θ 可以是正角，也可以是负角.

三、复数的指数形式

在实数范围内有"同底数幂相乘，底数不变，指数相加"的运算法则，例如，$a^3 a^6 = a^{3+6} = a^9$. 对于复数而言，如果将它也表示成指数形式，其乘除运算将会变得非常简单.

根据欧拉公式 $e^{i\theta} = \cos\theta + i\sin\theta$，任何一个复数 $z = r(\cos\theta + i\sin\theta)$ 都可以表示成

$$z = re^{i\theta}$$

的形式，我们把这种形式叫作**复数的指数形式**.

其中，r 为复数的模，底数 $e = 2.71828\cdots$ 为无理数，幂指数中的 i 为虚数单位，θ 为复数的辐角，单位为弧度.

例如，

$$\sqrt{2}\left(\cos\frac{5\pi}{6} + i\sin\frac{5\pi}{6}\right) = \sqrt{2}e^{i\frac{5\pi}{6}}$$

$$\cos\frac{\pi}{7} + i\sin\frac{\pi}{7} = e^{i\frac{\pi}{7}}$$

在交流电路中：

1. 若电阻和电感串联，电路复阻抗 $\overline{Z}$ 可用 $\overline{Z} = R + j\omega L$ 表示.

2. 若电阻和电容串联，电路复阻抗 $\overline{Z}$ 可用 $\overline{Z} = R - j\dfrac{1}{\omega C}$ 表示.

3. 若电阻、电感和电容串联，电路复阻抗 $\overline{Z}$ 可用 $\overline{Z} = R + j\left(\omega L - \dfrac{1}{\omega C}\right)$ 表示.

（式中 ω 为角频率（rad/s），$\omega = 2\pi f$）

应用实例

【实例 1】 把感抗 $X = j7$ 表示为三角形式和指数形式.

解 $X = j7$ 的模为 $r = 7$，辐角主值 $\theta = \dfrac{\pi}{2}$.

表示为三角形式： $X = j7 = 7\left(\cos\dfrac{\pi}{2} + j\sin\dfrac{\pi}{2}\right)$

表示为指数形式： $X = j7 = 7e^{j\frac{\pi}{2}}$

【实例 2】 已知一个 RC 串联电路，电阻 $R = 3\Omega$，容抗 $X = 4\Omega$. 求总阻抗，并化为指数形式、极坐标形式.

解
$$\overline{Z} = R - jX = (3 - j4)\Omega$$
$$|Z| = \sqrt{3^2 + (-4)^2}\Omega = 5\Omega$$

由 $\tan\theta = -\dfrac{3}{4}$，查表得 $\theta \approx 123°$

所以总阻抗的指数形式为 $\overline{Z} = 5e^{j123°}$

变换为极坐标形式为 $\overline{Z} = 5\angle 123°$

【实例 3】 如图 5-19 所示交流电路，已知：电阻 $R = 100\Omega$，电感 $L = 0.5H$，频率 $f = 60Hz$，电容 $C = 30\mu F$. 计算总阻抗 Z，并把结果化为复数的三角形式、极坐标形式及指数形式.

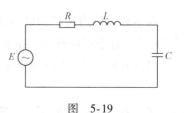

图 5-19

解 将已知值代入，得总阻抗为

$$\overline{Z} = R + j\left(\omega L - \dfrac{1}{\omega C}\right)$$

$$= 100\Omega + j\left(2 \times 3.14 \times 60 \times 0.5 - \dfrac{10^6}{2 \times 3.14 \times 60 \times 30}\right)\Omega$$

$$= 100\Omega + j(188.4 - 88.5)\Omega$$

$$= (100 + j99.9)\Omega$$

总阻抗的模（大小）为

$$|Z| = \sqrt{100^2 + 99.9^2}\Omega = 141.4\Omega$$

由 $\tan\theta = 1$，得

$$\arg Z = \dfrac{\pi}{4}$$

所以总阻抗的三角形式为 $Z = 141.4\left(\cos\dfrac{\pi}{4} + j\sin\dfrac{\pi}{4}\right)\Omega$

变换为极坐标形式为 $Z = 141.4\angle\dfrac{\pi}{4}\Omega$

变换为指数形式为 $Z = 141.4e^{j\frac{\pi}{4}}\Omega$

小　结

1. 复数的模 r 和辐角 θ 是复数的代数形式以及其他 3 种表示形式之间相互联系的纽带，只有准确地求出复数的模 r 和辐角 θ，才能进行复数的不同形式之间的相互转换.

2. 将复数的指数形式化为代数形式时，首先要化为三角形式，再化为代数形式.

3. 关于复数的表示形式，可以归纳为如图 5-20 所示.

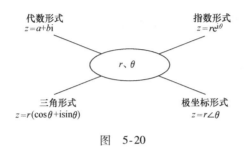

代数形式
$z=a+bi$

指数形式
$z=re^{i\theta}$

$r、\theta$

三角形式
$z=r(\cos\theta+i\sin\theta)$

极坐标形式
$z=r\angle\theta$

图　5-20

课题四　复数的加减运算

在交流电路中，经常会遇到多个串联负载共同使用同一电源的情况，也会遇到多个并联负载共同使用同一电源的情况，而且由于负载的电抗性质不同，从而使电路中的电压或电流相位不同，这时用三角函数或图像的方法计算较麻烦，而如果把电流或电压用复数形式表示，再进行加减运算则要简单得多.

当把复数 $z_1 = a + bi$，$z_2 = c + di$ 中的虚数单位 i 看作多项式中的一个字母时，复数 z_1 与 z_2 间的加减运算就变成了多项式的加减运算；当把复数 $z_1 = a + bi$，$z_2 = c + di$ 分别对应于向量时，利用向量的加减运算法则，我们也可以进行复数 z_1 与 z_2 间的加减运算.

知识要点

　　◎ 复数代数形式的加减运算

　　◎ 向量表示复数的加减运算

能力要求

　　◎ 学会复数的加减运算，解决电工学中串联和并联的实际问题

基本知识

一、复数代数形式的加减运算

与一元多项式的加减法类似，复数的加法和减法按实部与实部、虚部与虚部分开进行，即：**实部与实部相加减，虚部与虚部相加减.** 即

$$(a+bi) \pm (c+di) = (a \pm c) + (b \pm d)i$$

容易验证，复数的加法满足交换律和结合律，即对于任意复数 z_1，z_2，z_3，有

$$z_1 + z_2 = z_2 + z_1$$

$$(z_1 + z_2) + z_3 = z_1 + (z_2 + z_3)$$

如图 5-21 所示，在并联电路中，已知各支路的复数电流分别为

$$\dot{I}_1 = 2e^{j\frac{\pi}{6}}, \dot{I}_2 = 2e^{j\frac{\pi}{3}}, \dot{I}_3 = 6e^{j\frac{\pi}{6}}$$

求总复数电流 $\dot{I} = \dot{I}_1 + \dot{I}_2 + \dot{I}_3$.（结果用复数的代数形式表示，并保留两位小数）

分析：对于 RLC 并联电路的总电流，我们可以用图 5-22 形象表示.

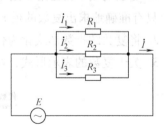

图 5-21

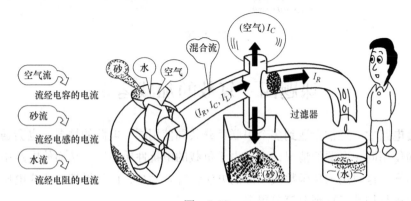

图 5-22

解 因为

$$\dot{I}_1 = 2e^{j\frac{\pi}{6}} = 2\left(\cos\frac{\pi}{6} + j\sin\frac{\pi}{6}\right) = 1.732 + j$$

$$\dot{I}_2 = 2e^{j\frac{\pi}{3}} = 2\left(\cos\frac{\pi}{3} + j\sin\frac{\pi}{3}\right) = 1 + j1.732$$

$$\dot{I}_3 = 6e^{j\frac{\pi}{6}} = 6\left(\cos\frac{\pi}{6} + j\sin\frac{\pi}{6}\right) = 5.196 + j3$$

所以

$$\dot{I} = \dot{I}_1 + \dot{I}_2 + \dot{I}_3$$
$$= (1.732 + j) + (1 + j1.732) + (5.196 + j3)$$
$$= 7.93 + j5.73$$

二、用向量表示复数的加减运算

复数有代数形式、指数形式、极坐标形式和三角形式 4 种. 通过上例，我们发现，由于复数的模和辐角往往是不相同的，要进行加减运算，必须先转化为代数形式才能进行，这样就增加了运算的难度，有没有更简单的方法呢？有一种特殊的运算方法——**平行四边**

形法则，即两个向量相加，以这两个向量为相邻边作平行四边形，平行四边形中以这两个向量交点为顶点的对角线向量，就是所求复数的向量. 用向量表示复数后，复数的加法运算也可以在复平面内按向量加法的运算法则进行. 在前面的学习中已提及向量，那么向量到底是什么呢？观察我们熟悉的天气的形象表示如图 5-23 所示.

图　5-23

向量既有方向，也有大小. 如图 5-24 所示，设向量 $\overrightarrow{OM}$ 表示复数 $z_1 = a + bi$，向量 $\overrightarrow{ON}$ 表示复数 $z_2 = c + di$，将 $\overrightarrow{OM}$ 和 $\overrightarrow{ON}$ 分解到实轴和虚轴上，容易看出，$\overrightarrow{OL}$ 就是复数 $(a + c) + (b + d)i$ 的向量表示.

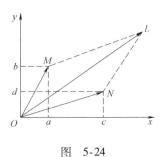

图　5-24

以 $\overrightarrow{OM}$ 和 $\overrightarrow{ON}$ 为边作平行四边形 $OMLN$，由向量的平行四行形法则知：对角线 $\overrightarrow{OL}$ 就是复数 $(a + c) + (b + d)i$ 的向量表示.

用向量表示上述复数的加法，有

$$\overrightarrow{OM} + \overrightarrow{ON} = \overrightarrow{OL}$$

若在复平面内用向量计算 $(2 + 4i) + (1 - 2i)$，如图 5-25 所示，需要先分别做出表示复数 $2 + 4i$ 与 $1 - 2i$ 的向量 $\overrightarrow{OM}$ 和 $\overrightarrow{ON}$，再以 $\overrightarrow{OM}$ 和 $\overrightarrow{ON}$ 为边作平行四边形 $OMPN$，则对角线 $\overrightarrow{OP}$ 就是复数 $(2 + 4i) + (1 - 2i)$ 的向量表示.

同样，复数相减也可以在复平面内用向量相减的方法进行.

如图 5-26 所示，先做出表示被减数 $a + bi$ 的向量 $\overrightarrow{OM}$ 与表示减数 $c + di$ 的向量 $\overrightarrow{ON}$，然后以 $\overrightarrow{OM}$ 为对角线、$\overrightarrow{ON}$ 为一边作平行四边形 $OLMN$，该平行四边形的另一边 $\overrightarrow{OL}$ 即为复数 $(a + bi) - (c + di) = (a - c) + (b - d)i$ 的向量表示.

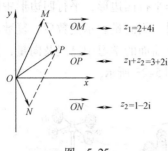
图 5-25

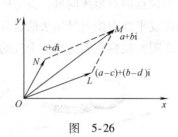
图 5-26

用向量表示上述复数的减法，有

$$\overrightarrow{OM} - \overrightarrow{ON} = \overrightarrow{OL}$$

应用实例

【实例】 已知两个正弦电压所对应的复数电压分别为 $\dot{U}_1 = 100 \angle 45°$ 和 $\dot{U}_2 = 100 \angle 135°$.

求 $\dot{U} = \dot{U}_1 + \dot{U}_2$ 并作图.

解 $\dot{U} = \dot{U}_1 + \dot{U}_2$

$= 100 \angle 45° \text{V} + 100 \angle 135° \text{V}$

$= 100(\cos 45° + j\sin 45°) \text{V} + 100(\cos 135° + j\sin 135°) \text{V}$

$= (50\sqrt{2} + j50\sqrt{2}) \text{V} + (-50\sqrt{2} + j50\sqrt{2}) \text{V}$

$= j100\sqrt{2} \text{V}$

$= 100\sqrt{2} \angle 90° \text{V}$

相量图如图 5-27 所示.

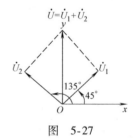
图 5-27

> 在电工学中画图时，可以不画出复平面的坐标轴，但复数的辐角应以实轴正方向为基准，逆时针方向的角度为正，顺时针方向的角度为负.

小 结

1. 复数的加法和减法按实部与实部、虚部与虚部分开进行，即：实部与实部相加减，虚部与虚部相加减.

2. 两个向量相加，以这两个向量为相邻边作平行四边形，平行四边形中以这两个向量交点为顶点的对角线向量，就是所求复数的向量.

3. 两个向量相减，以被减数为对角线向量，以减数为一邻边向量作平行四边形，平行四边形的另一边向量即为所求向量.

4. 复数的代数形式适用于加减运算，若应用于乘除运算相对比较复杂.

课题五　复数的乘除运算

我们在物理课中学过稳恒电流的欧姆定律，而在交流电路中同样满足欧姆定律. 在交流电路中，由于电抗性质不同，会造成电压和电流的相位不同，经常会遇到乘除的问题，三角函数和图解法进行乘除的运算，难度很大.

按照多项式的乘法分配律，我们可以进行复数代数形式的乘法运算. 另外，复数还可以用三角形式、指数形式和极坐标形式表示，当进行复数的乘法运算时，使用这些形式，可使运算过程变得十分简单，为交流电的计算提供方便.

知识要点

　　◎ 复数代数形式的乘除运算

　　◎ 复数指数形式的乘除运算

　　◎ 复数三角形式的乘除运算

　　◎ 复数极坐标形式的乘除运算

能力要求

　　◎ 学会复数各种形式的乘除运算，并能熟练解决电工学中的实际问题

基本知识

一、复数代数形式的乘除运算

1. 复数代数形式的乘法运算

与复数代数形式的加减法相类似，根据多项式的乘法分配律，如果已知两个复数 $z_1 = a + bi$ 和 $z_2 = c + di$，那么

$$z_1 z_2 = (a + bi)(c + di) = (ac - bd) + (ad + bc)i$$

容易验证，对任意复数 z_1、z_2、z_3、z，复数的乘法满足下列运算法则：

（1）**交换律** $\qquad\qquad\qquad z_1 z_2 = z_2 z_1$

（2）**结合律** $\qquad\qquad (z_1 z_2) z_3 = z_1 (z_2 z_3)$

（3）**分配律** $\qquad z_1 (z_2 + z_3) = z_1 z_2 + z_1 z_3$

（4）$\qquad\qquad\qquad\qquad 1 \cdot z = z \cdot 1$

　　运算中要将 i^2 换成 -1，再把最后的结果写成 $(a + bi)$（a、b 为实数）的形式.

2. 复数代数形式的乘方运算

根据乘法的运算法则，实数范围内正整数指数幂的运算法则在复数范围内仍然成立，推广到任意复数，现设复数 z_1、z_2、z 和自然数 m、n，则有以下公式.

$$z^m z^n = z^{m+n}$$
$$(z^m)^n = z^{mn}$$
$$(z_1 z_2)^n = z_1^n z_2^n$$

例如，$z_1 = 6 - i$，$z_2 = -1 + 3i$，则

$$z_1 z_2 = (6 - i)(-1 + 3i)$$
$$= [6 \times (-1) - (-1) \times 3] + [6 \times 3 + (-1) \times (-1)]i$$
$$= -3 + 19i$$

由 $z_1 = 6 - i$，得 $\overline{z_1} = 6 + i$，则

$$z_1 \overline{z_1} = (6 - i)(6 + i) = 6^2 - i^2 = 37$$

　　一对共轭复数的乘积为实数，即 $z\bar{z} = |z|^2$.

3. 复数代数形式的除法运算

已知 $z = a + bi$，如果存在一个复数 z'，使

$$zz' = 1$$

则 z' 叫作 $z = a + bi$ **的倒数**，记作 $\dfrac{1}{z}$.

由共轭复数相乘的运算法则，得

$$\frac{1}{z} = \frac{1}{a+bi} = \frac{a-bi}{(a+bi)(a-bi)} = \frac{a-bi}{a^2+b^2} = \frac{a}{a^2+b^2} - \frac{b}{a^2+b^2}i = \frac{\bar{z}}{|z|^2}$$

与求复数的倒数相类似，若已知两个复数 $z_1 = a+bi$ 和 $z_2 = c+di (z_2 \neq 0)$，那么

$$\frac{z_1}{z_2} = \frac{a+bi}{c+di} = \frac{(a+bi)(c-di)}{(c+di)(c-di)} = \frac{(ac+bd)+(bc-ad)i}{c^2+d^2}$$

例如，已知：复数 $z_1 = 4-5i$，$z_2 = 2+i$. 求：$\dfrac{z_1}{z_2}$.

解

$$\frac{z_1}{z_2} = \frac{4-5i}{2+i}$$

$$= \frac{(4-5i)(2-i)}{(2+i)(2-i)}$$

$$= \frac{[4 \times 2 + (-5) \times 1] + [(-5) \times 2 - 4 \times 1]i}{2^2+1^2}$$

$$= \frac{3-14i}{5} = \frac{3}{5} - \frac{14}{5}i$$

二、复数指数形式的乘除运算

若已知复数 $z_1 = r_1 e^{i\theta_1}$，$z_2 = r_2 e^{i\theta_2}$，$z = re^{i\theta}$，根据虚数单位 i 的性质和"同底数幂相乘除，底数不变，指数相加减"的运算法则，我们得到复数指数形式的乘除运算法则为

$$z_1 z_2 = (r_1 e^{i\theta_1})(r_2 e^{i\theta_2}) = r_1 r_2 e^{i(\theta_1+\theta_2)}$$

$$\frac{z_1}{z_2} = \frac{r_1 e^{i\theta_1}}{r_2 e^{i\theta_2}} = \frac{r_1}{r_2} e^{i(\theta_1-\theta_2)} \quad (z_2 \neq 0)$$

$$z^n = (re^{i\theta})^n = r^n e^{in\theta} \quad (n \text{ 是自然数})$$

即：

（1）两个复数相乘，积仍是复数，积的模等于各复数模的积，积的辐角等于各辐角之和；

（2）两个复数相除（除数不为零），商仍是复数，商的模等于被除数的模除以除数的模所得的商，商的辐角等于被除数的辐角减去除数的辐角所得的差；

（3）复数 n（n 是自然数）次幂的模等于这个复数的模的 n 次幂，而辐角等于这个复数的辐角的 n 倍.

例如，已知：复数 $z_1 = 3e^{i\frac{\pi}{6}}$，$z_2 = \sqrt{2}e^{i\frac{\pi}{4}}$. 求：$z_1 z_2$，$\dfrac{z_1}{z_2}$，$(z_1 z_2)^4$.

解

$$z_1 z_2 = (3e^{i\frac{\pi}{6}})(\sqrt{2}e^{i\frac{\pi}{4}}) = (3\sqrt{2})e^{i(\frac{\pi}{6}+\frac{\pi}{4})} = 3\sqrt{2}e^{i\frac{5\pi}{12}}$$

$$\frac{z_1}{z_2} = \frac{3e^{i\frac{\pi}{6}}}{\sqrt{2}e^{i\frac{\pi}{4}}} = \frac{3\sqrt{2}}{2}e^{i(\frac{\pi}{6}-\frac{\pi}{4})} = \frac{3\sqrt{2}}{2}e^{-i\frac{\pi}{12}}$$

$$(z_1 z_2)^4 = (3\sqrt{2}e^{i\frac{5\pi}{12}})^4 = (3\sqrt{2})^4 e^{i\frac{5\pi}{12} \times 4} = 324e^{i\frac{5\pi}{3}}$$

三、复数三角形式和极坐标形式的乘除运算

设复数

$$z_1 = r_1(\cos\theta_1 + i\sin\theta_1)$$
$$z_2 = r_2(\cos\theta_2 + i\sin\theta_2)$$
$$z = r(\cos\theta + i\sin\theta)$$

则有

$$z_1 z_2 = r_1 r_2[\cos(\theta_1 + \theta_2) + i\sin(\theta_1 + \theta_2)]$$

$$\frac{z_1}{z_2} = \frac{r_1}{r_2}[\cos(\theta_1 - \theta_2) + i\sin(\theta_1 - \theta_2)] \quad (z_2 \neq 0)$$

$$z^n = r^n(\cos n\theta + i\sin n\theta) \quad (n \text{ 是自然数})$$

其中公式

$$z^n = r^n(\cos n\theta + i\sin n\theta) \quad (n \text{ 是自然数})$$

称为**棣莫弗公式**.

与复数三角形式的乘除运算法则相似，也可以直接写出复数极坐标形式的乘除运算法则.

设复数 $\qquad z_1 = r_1 \angle \theta_1, \quad z_2 = r_2 \angle \theta_2, \quad z = r \angle \theta$

则有

$$z_1 z_2 = r_1 r_2 \angle(\theta_1 + \theta_2)$$

$$\frac{z_1}{z_2} = \frac{r_1}{r_2} \angle(\theta_1 - \theta_2) \quad (z_2 \neq 0)$$

$$z^n = r^n \angle n\theta \quad (n \text{ 是自然数})$$

例1： 已知：复数 $z_1 = \dfrac{3}{4}\left(\cos\dfrac{5\pi}{3} + i\sin\dfrac{5\pi}{3}\right)$, $z_2 = \dfrac{\sqrt{3}}{2}(\cos\pi + i\sin\pi)$.

求：$z_1 z_2$, $\dfrac{z_1}{z_2}$, $\left(\dfrac{z_1}{z_2}\right)^6$.

解 $\quad z_1 z_2 = \dfrac{3}{4} \times \dfrac{\sqrt{3}}{2}\left[\cos\left(\dfrac{5\pi}{3} + \pi\right) + i\sin\left(\dfrac{5\pi}{3} + \pi\right)\right] = \dfrac{3\sqrt{3}}{8}\left(\cos\dfrac{2\pi}{3} + i\sin\dfrac{2\pi}{3}\right)$

$$\frac{z_1}{z_2} = \frac{\dfrac{3}{4}}{\dfrac{\sqrt{3}}{2}}\left[\cos\left(\frac{5\pi}{3} - \pi\right) + i\sin\left(\frac{5\pi}{3} - \pi\right)\right] = \frac{\sqrt{3}}{2}\left(\cos\frac{2\pi}{3} + i\sin\frac{2\pi}{3}\right)$$

$$\left(\frac{z_1}{z_2}\right)^6 = \left[\frac{\sqrt{3}}{2}\left(\cos\frac{2\pi}{3} + i\sin\frac{2\pi}{3}\right)\right]^6$$

$$= \left(\frac{\sqrt{3}}{2}\right)^6\left[\cos\left(\frac{2\pi}{3} \times 6\right) + i\sin\left(\frac{2\pi}{3} \times 6\right)\right]$$

$$= \frac{27}{64}(\cos 4\pi + i\sin 4\pi)$$

$$= \frac{27}{64}$$

例2：已知：复数 $z_1 = 6 \angle \dfrac{3\pi}{4}$，$z_2 = 2\sqrt{3} \angle \dfrac{\pi}{2}$.

求：$z_1 z_2$，$\dfrac{z_1}{z_2}$.

解

$$z_1 z_2 = 6 \times 2\sqrt{3} \angle \left(\dfrac{3\pi}{4} + \dfrac{\pi}{2} \right) = 12\sqrt{3} \angle \dfrac{5\pi}{4}$$

$$\dfrac{z_1}{z_2} = \dfrac{6}{2\sqrt{3}} \angle \left(\dfrac{3\pi}{4} - \dfrac{\pi}{2} \right) = \sqrt{3} \angle \dfrac{\pi}{4}$$

四、复数乘法运算的几何意义

对于复数的加减运算，我们可以在复平面内用向量相加减的方法进行（平行四边形法则）. 对于复数的乘法运算，能否直接在复平面内进行呢？我们来看一个例子.

如图 5-28 所示，在复平面上复数 zi 是复数 $z = 2 \angle \dfrac{\pi}{3}$ 沿逆时针方向旋转 $\dfrac{\pi}{2}$ 而得到的，

即：复数 zi 与复数 z 的模相同，复数 zi 的辐角等于复数 z 的辐角加上 $\dfrac{\pi}{2}$.

将上例中的计算推广开来，如果复数 $z_1 = r_1 \angle \theta_1$，$z_2 = r_2 \angle \theta_2$ 分别对应向量 $\overrightarrow{Oz_1}$ 和 $\overrightarrow{Oz_2}$，那么 $z_1 z_2$ 对应的向量 $\overrightarrow{Oz}$ 可以通过如下方法得到：

先把 $\overrightarrow{Oz_2}$ 绕原点 O 沿逆时针方向旋转角 θ_1，然后把它的模伸长（当 $r_1 > 1$）或压缩（当 $r_1 < 1$）成原来的 r_1 倍，如图 5-29 所示.

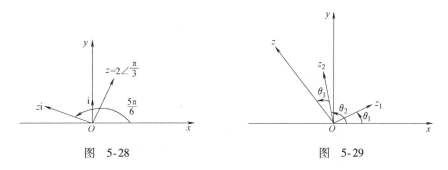

图 5-28   图 5-29

作为特例，$\angle\varphi$ 是一个模为 1、辐角为 φ 的复数，任意复数 $z = r \angle \theta$ 乘以 $\angle\varphi$，等于模不变而将 $z = r \angle \theta$ 沿逆时针方向旋转了 φ 角，所以 $\angle\varphi$ 称为**旋转因子**. 当 $\varphi = \dfrac{\pi}{2}$ 时，由于

$i = \angle \dfrac{\pi}{2}$，因此，$i$ 是一个特殊的旋转因子.

如果复数 z 分别除以 i、i^2、i^3，结果将如何？

如图 5-30 所示，复数 z 乘以 i，相当于将复数 z 所对应的向量按照 __逆__ 时针方向旋转 __90°__；复数 z 乘以 i^2，相当于将复数 z 所对应的向量按照 __逆__ 时针方向旋转 __180°__；

复数 z 乘以 i^3，相当于将复数 z 所对应的向量按照　逆　时针方向旋转　270°　.

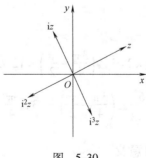

图 5-30

应用实例

【实例1】　如图5-31所示，已知交流电路中的 3 个并联电阻的复阻抗 $\overline{Z_1} = 75 + j38$，$\overline{Z_2} = 12 - j32$，$\overline{Z_3} = 26 + j34$，与 3 个并联电阻等效的复阻抗 $\overline{Z}$ 满足关系式

$$\frac{1}{\overline{Z}} = \frac{1}{\overline{Z_1}} + \frac{1}{\overline{Z_2}} + \frac{1}{\overline{Z_3}}$$

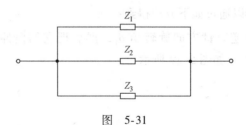

图 5-31

求：复阻抗 $\overline{Z}$.（结果保留两位小数）

解
$$\frac{1}{\overline{Z_1}} = \frac{1}{75 + j38} = \frac{75 - j38}{75^2 + 38^2} = 0.011 - j0.005$$

$$\frac{1}{\overline{Z_2}} = \frac{1}{12 - j32} = \frac{12 + j32}{12^2 + 32^2} = 0.010 + j0.027$$

$$\frac{1}{\overline{Z_3}} = \frac{1}{26 + j34} = \frac{26 - j34}{26^2 + 34^2} = 0.014 - j0.019$$

$$\frac{1}{\overline{Z}} = \frac{1}{\overline{Z_1}} + \frac{1}{\overline{Z_2}} + \frac{1}{\overline{Z_3}}$$

$$= 0.011 - j0.005 + 0.010 + j0.027 + 0.014 - j0.019$$

$$= 0.035 + j0.003$$

$$\overline{Z} = \frac{1}{0.035 + j0.003} = \frac{0.035 - j0.003}{0.035^2 + 0.003^2} = 28.36 - j2.43$$

【实例2】　已知：电流相量 $\dot{I} = 220\sqrt{2}\left(\cos\frac{\pi}{6} + j\sin\frac{\pi}{6}\right)$ A 和复阻抗 $\overline{Z} = (3 - j4)\,\Omega$.

求：电压相量和电压瞬时表达式.

解
$$|\overline{Z}| = |3 - j4| = \sqrt{3^2 + (-4)^2}\,\Omega = 5\Omega$$

由 $\tan\theta = -\dfrac{4}{3}$，得 $\theta = -53.06°$，则

$$\overline{Z} = (3 - j4)\Omega = 5\angle -53.06°\,\Omega$$

$$\dot{I} = 220\sqrt{2}\left(\cos\frac{\pi}{6} + j\sin\frac{\pi}{6}\right)A = 220\angle 30°A$$

所以电压相量为

$$\dot{U} = \dot{I}\,\overline{Z} = (220\angle 30° \times 5\angle -53.06°)V = [\,220 \times 5\angle (30° - 53.06°)\,]V = 1100\angle -23.06°V$$

电压瞬时值表达式为

$$u = 1100\sqrt{2}\sin(\omega t - 23.06°)V$$

小　结

1. 复数的乘法满足交换律、结合律及分配律.

2. 复数的乘方满足 $z^m z^n = z^{m+n}$，$(z^m)^n = z^{mn}$，$(z_1 z_2)^n = z_1^n z_2^n$.

3. 复数代数形式的除法运算采用共轭复数求得.

4. 复数的指数形式不适用于加减运算，只适用于乘除运算，其运算法则：

$$z_1 z_2 = (r_1 e^{i\theta_1})(r_2 e^{i\theta_2}) = r_1 r_2 e^{i(\theta_1 + \theta_2)}$$

$$\frac{z_1}{z_2} = \frac{r_1 e^{i\theta_1}}{r_2 e^{i\theta_2}} = \frac{r_1}{r_2} e^{i(\theta_1 - \theta_2)} \quad (z_2 \neq 0)$$

$$z^n = (r e^{i\theta})^n = r^n e^{in\theta} \quad (n\ \text{是自然数})$$

5. 复数的极坐标形式不适用于加减运算，只适用于乘除运算，其运算法则：

$$z_1 z_2 = r_1 r_2 \angle (\theta_1 + \theta_2)$$

$$\frac{z_1}{z_2} = \frac{r_1}{r_2} \angle (\theta_1 - \theta_2) \quad (z_2 \neq 0)$$

$$z^n = r^n \angle n\theta \quad (n\ \text{是自然数})$$

模块六　逻辑代数基础

众所周知，计算机（见图6-1）给我们的生活、学习和工作带来了很多便利，其实计算机只会进行加法运算．只用加法就能完成那么强大的功能，真让人不可思议．计算机的运算功能是由集成电路实现的．

集成电路，尤其是大规模集成电路可以用如下形象化的图来表示（见图6-2）．这个电子"蜈蚣"所"吃"的脉冲就是我们所给出的数字信号，由不同的结构决定电子"蜈蚣"的工作不同，很多个这样的"蜈蚣"团结合作，就能完成我们交给它的工作．

图　6-1

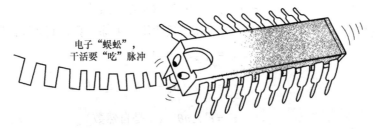

电子"蜈蚣"，
干活要"吃"脉冲

图　6-2

集成电路的发展使计算机的功能越来越强大，计算机网络又把全世界连在了一起，使21世纪变成了数字时代、虚拟时代．英国数学家布尔（见图6-3）为这个时代变迁奠定了基础．

布尔代数与普通的代数不一样，布尔代数中的量只有两个值：1和0．"1"表示命题为真，"0"表示命题为假．在电子技术中，往往在开关电路中出现两种可能的情形：有电与无电、灯亮与灯灭、导通与截止、高电压与低电压等，总之是"两种状态"，这"两种状态"也同样可看作两个值或两个元素．因此，布尔代数特别适用

图　6-3

于电路系统的分析.

课题一　数制家族

观察如图6-4所示的时钟，分针每走过60小格（转1圈），时针走1大格. 这其实就是人们使用"时、分、秒"来度量时间的方法（六十进制）. 除此之外，我们在生活中还使用了许多其他数制，例如，使用最为频繁的十进制，计算机中使用的二进制，我国古代度量衡中的"十六两秤"使用的十六进制等，如此多的进制构成了我们的"数制家族".

图　6-4

"逢十进一"使数有十、百、千、万、亿……也能进行加减乘除的运算，我们能不能用机器实现这样的计算呢？答案是肯定的. 但计算机是不是跟我们采用相同的计算方法呢？答案是否定的. 其实计算机只认识"0"和"1"两个数，计算机每秒钟进行上亿次的计算，都是做的加法运算. 也可以这么说，计算机的所有计算都是换算成加法来进行的.

在计算机中，采用的是只有"0"和"1"两个基本符号组成的二进制数，而不使用人们熟悉的十进制数，原因是二进制数在物理上最容易实现. 但是二进制数书写冗长、易错、难记，且与十进制数之间的转换过程复杂，所以一般用十六进制数或八进制数作为二进制数的缩写. 它们的表现形式虽然不同，却有共同的特点，并且可以相互转化.

知识要点

◎ 进制的分类

◎ 各种进制的特点

◎ 进制的相互转换

能力要求

◎ 掌握各种进制的特点

◎ 能够进行各种进制的相互转换

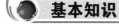 **基本知识**

一、进制

　观察下面的十进制数，并归纳它们有何特点：
357、1476.043、909777505、0.0002458

（1）十进制所使用的数码为_____、_____、_____、_____、_____、_____、_____、_____、_____、_____，共计_____个.

（2）十进制的进位规律为_____.

同样地，其他进位制也有类似的特点，即进位计数制应有3个要素：数码符号、进位规律和进位基数. 进位基数是进位制中每个数位所使用的数码符号的总数. 例如，十进制的进位基数为"10".

为区别各种不同进位制的数，在每个数的右下角加了一个数字（或英文字母）下标来表示相应的数制. 例如，

二进制数：$(110.01)_2$、$(1101.11)_B$；

八进制数：$(13.75)_8$、$(20.476)_O$；

十进制数：$(561.2)_{10}$、$(367.05)_D$；

十六进制数：$(98406.26)_{16}$、$(32006.25)_H$.

二进制、八进制、十进制、十六进制的3个要素的描述见表6-1.

表6-1 二进制、八进制、十进制、十六进制比较

进 制	表示符号	数 码 符 号	进 位 规 律	进 位 基 数
二进制	B	0、1	逢二进一	2
八进制	O	0、1、2、3、4、5、6、7	逢八进一	8
十进制	D	0、1、2、3、4、5、6、7、8、9	逢十进一	10
十六进制	H	0、1、2、3、4、5、6、7、8、9、A、B、C、D、E、F	逢十六进一	16

1. 十进制

十进制是最常用的数制，任何一个进制数都可以用下面的方法表示出来：

$$(495.72)_{10} = 4 \times 10^2 + 9 \times 10^1 + 5 \times 10^0 + 7 \times 10^{-1} + 2 \times 10^{-2}$$

观察上面的表达式可以发现，十进制的位数由10^i来确定，此时称10^i为十进制的**权**，上面的表达式称为十进制的**按权展开式**.

2. 二进制

使用二进制数表示只有两种状态（开关的通与断、灯泡的亮与灭等）的情况非常方便，这两种状态是完全相反的两种状态.

观察路口的红绿灯，如果规定灯亮用1表示，灯灭用0表示，红绿灯的各种状态见表6-2.

表 6-2

红 灯	黄 灯	绿 灯	车辆通行状态
1	0	0	禁止通行
0	1	0	禁止通行
0	0	1	通行

此时可以用二进制数100、010、001中的某一个来描述任意一个十字路口的车辆通行状态.

如果有 10 间教室，规定从左向右数，教室灯亮用 1 表示，灯灭用 0 表示，那么二进制数 1110010101 就表示了这 10 间教室灯光的一种状态.

与十进制数类似，二进制数也可以按权（二进制的权是 2^i）展开，即

$$(1100.01)_2 = 1 \times 2^3 + 1 \times 2^2 + 0 \times 2^1 + 0 \times 2^0 + 0 \times 2^{-1} + 1 \times 2^{-2}$$

试试看，将 $(307.56)_{10}$、$(101.11)_2$ 按权展开，即

$$(307.56)_{10} = 3 \times 10^2 + 0 \times 10^1 + 7 \times 10^0 + 5 \times 10^{-1} + 6 \times 10^{-2}$$

$$(101.11)_2 = 1 \times 2^2 + 0 \times 2^1 + 1 \times 2^0 + 1 \times 2^{-1} + 1 \times 2^{-2}$$

对比二进制和十进制的按权展开式可以发现，展开的形式完全相同，所不同的只是它们的权，二进制的权是 2^i，十进制的权是 10^i，那么八进制的权就是 8^i，十六进制的权就是 16^i.

将下面的八进制数和十六进制数按权展开.

$(365.13)_8 = $ _____

$(5A1.C4)_{16} = $ _____

二、进制转换

1. 二进制数转换为十进制数

通过上边的"按权展开式"可知：把一个二进制数转换成十进制数，采用"乘权相加法"即可.

例如，把 $(1101.01)_2$ 转换为十进制数.

解　$(1101.01)_2 = (1 \times 2^3 + 1 \times 2^2 + 0 \times 2^1 + 1 \times 2^0 + 0 \times 2^{-1} + 1 \times 2^{-2})_{10}$

$$= (8 + 4 + 1 + 0.25)_{10}$$

$$= (13.25)_{10}$$

即　　　　　　　　　　　　　$(1101.01)_2 = (13.25)_{10}$

2. 十进制数转换为二进制数

十进制数转换为二进制数时分整数部分和小数部分两部分分别进行转换，然后再相加，整数部分和小数部分的转换方法见表 6-3.

表 6-3　十进制数转换为二进制数的方法

分　类	方　法	示　例
整数部分	十进制数的整数部分转换成二进制数采用"除以 2 倒取余法". 方法是：把十进制数逐次被 2 除，并依次记下余数，一直除到商为 0，每次所得余数从后往前按顺序排列即为转换后的二进制数	将 $(27)_{10}$ 化成二进制数 　　　　　　余数 2 ┃ 27 ┃ 1 　↑ 2 ┃ 13 ┃ 1 　自 2 ┃ 6 ┃ 0 　下 2 ┃ 3 ┃ 1 　向 2 ┃ 1 ┃ 1 　上 　　0 　　　读数 所以　　$(27)_{10} = (11011)_2$

（续）

分　类	方　法	示　例
小数部分	十进制的小数部分转换为二进制数时采用"乘2取整法". 即用2去乘所要转换的十进制小数，然后再用2去乘这个新的小数，如此一直进行到小数为0或达到转换所要求的精度为止. 首次乘2所得积的整数部分为二进制纯小数的最高位，最末次乘2所得积的整数部分为二进制纯小数的最低位	将 $(0.375)_{10}$ 化成二进制数 整数 　0.375 $\times$　　2 　0.750　　0 $\times$　　2 　1.500　　1 $\times$　　2 　1.000　　1 （自上向下读数） 所以　$(0.375)_{10} = (0.011)_2$

　　"乘2取整法"指的是小数部分与2相乘，其整数部分要么为0，要么为1. 当乘积大于1时，取其小数部分再与2相乘，直到满足题意要求为止.

应用实例

　　【实例1】　观察路口的红绿灯，如果规定灯亮用1表示，灯灭用0表示，则100（从左至右分别代表红灯、黄灯、绿灯的状态）表示路口的车辆通行状态为（　　　）.

　　A. 通行　　　　　　　　B. 禁止通行　　　　　　　　C. 状态不定

　　解　100（从左至右分别代表红灯、黄灯、绿灯的状态）说明1表示红灯亮，黄灯灭，绿灯灭.

　　根据红灯停、绿灯行的原则，说明禁止车辆通行，故选 B.

　　【实例2】　试判断命题的正误：若用1表示某用户已交电话费，用0表示某用户未交电话费，则111101001111表示某用户一年中5、7、8三个月未交电话费.

　　解　（1）把111101001111按顺序排列，第5、7、8位是0.

　　（2）用1表示已交电话费，用0表示未交电话费，则表示某用户一年中5、7、8三个月未交电话费.

　　（3）跟原命题一致，故上述命题是正确的.

　　【实例3】　由发光二极管做成的信号灯 A、B、C、D、E、F、G、H、I、J、K、L、M 共13盏，输入信号为高电平，发光二极管就导通，信号灯就亮，否则就灭. 某一时刻对各发光二极管输入的信号如图6-5所示，试判断各信号灯的亮灭情况.（1表示高电平，0表示低电平）

　　解　根据题意可知：

（1）某一时刻各发光二极管的电平输入为 0101101010010，其中 B、D、E、G、I、L 为高电平.

0 1 0 1 1 0 1 0 1 0 0 1 0

图　6-5

（2）1 表示高电平，0 表示低电平，高电平时信号灯亮.

（3）所以灯 B、D、E、G、I、L 是亮的，其余是灭的.

【实例 4】 数字可用发光二极管来进行表示，如"8"就是由 a、b、c、d、e、f、g 这 7 个数码管全部发光所组成，如图 6-6a 所示. 图 6-6b 表明了 $0 \sim 9$ 这 10 个数字显示时发光的二极管，试说明显示数字"5"时输出的二进制码.

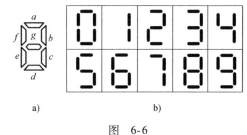

a)　　　　　　b)

图　6-6

解 显示数字"5"时，b、e 不发光，输出的二进制码为 0，其余为 1，则输出的二进制码为 1011011.

【实例 5】 将 $(35)_{10}$ 转换成二进制数.

解 因为

$$
\begin{array}{r|l}
2 & 35 \\
2 & 17 \\
2 & 8 \\
2 & 4 \\
2 & 2 \\
2 & 1 \\
& 0
\end{array}
\quad
\begin{array}{l}
\text{余数} \\
1 \\
1 \\
0 \\
0 \\
0 \\
1
\end{array}
\quad \text{自下向上读数}
$$

所以

$$(35)_{10} = (100011)_2$$

【实例 6】 将 $(0.416)_{10}$ 转换成二进制数.（要求保留 5 位小数）

解 因为

$$
\begin{array}{rl}
0.416 & \quad \text{整数} \\
\times\ 2 & \\
\hline
0.832 & \quad 0 \\
\times\ 2 & \\
\hline
1.664 & \quad 1 \\
0.664 & \\
\times\ 2 & \\
\hline
1.328 & \quad 1 \\
0.328 & \\
\times\ 2 & \\
\hline
0.656 & \quad 0 \\
\times\ 2 & \\
\hline
1.312 & \quad 1
\end{array}
\quad \text{自上向下读数}
$$

所以
$$(0.416)_{10} \approx (0.01101)_2$$

【实例 7】 将 $(21.125)_{10}$ 转换成二进制数.

解 由于

整数部分		小数部分	

整数部分

$$\begin{array}{r|l} 2 & 21 \\ 2 & 10 \\ 2 & 5 \\ 2 & 2 \\ 2 & 1 \\ & 0 \end{array}$$

余数 1 0 1 0 1 自下向上读数

小数部分

$$\begin{array}{r} 0.125 \\ \times\ 2 \\ \hline 0.250 \\ \times\ 2 \\ \hline 0.500 \\ \times\ 2 \\ \hline 1.000 \end{array}$$

整数 0 0 1 自上向下读数

所以

$$(21.125)_{10} = (10101.001)_2$$

小 结

1. 常见的进制有二进制（B）、八进制（O）、十进制（D）、十六进制（H）.

2. 二进制的权是 2^i，十进制的权是 10^i，八进制的权是 8^i，十六进制的权是 16^i.

3. 二进制数转换成十进制数，采用"乘权相加法".

4. 十进制数的整数部分转换为二进制数时采用"除以 2 倒取余法"；十进制的小数部分转换为二进制数时采用"乘 2 取整法".

课题二 逻辑代数的三种基本运算

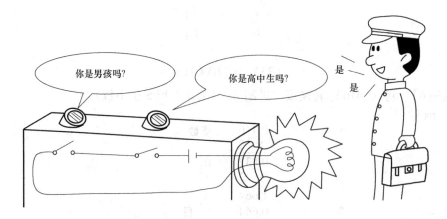

早在 17 世纪，就有人提出利用计算的方法来代替人们思维中的逻辑推理过程. 1847 年，英国数学家布尔发表了《逻辑的数学分析》，建立了逻辑代数（也称布尔代数），利用一套完整的符号来表示逻辑中的各种概念和运算. 逻辑代数的运算特点与数字电路中的开和关、高电位和低电位、导通和截止等现象一样，都只有两种不同的状态. 因此，它在数字电路设计和分析中得到了广泛的应用. 例如，1937 年，香农在美国贝尔实验室为解决

电话交换机的电路设计问题时就使用了逻辑代数的方法，有人称其为"现代开关电路设计之父".

知识要点

◎ "与""或""非" 3 种基本逻辑的运算规则

◎ "与""或""非" 3 种逻辑关系的真值表、表达式

◎ "与""或""非" 3 种逻辑关系的逻辑符号

能力要求

◎ 通过实例了解"与""或""非" 3 种逻辑关系的含义

◎ 能熟练运用"与""或""非" 3 种基本逻辑的真值表、表达式、逻辑符号来说明具体实例中的逻辑关系

基本知识

只需告诉他"0、1""是、否""有、无""高、低"

他就知道该怎么办了

一、逻辑代数的基本含义

某教室里有两盏灯，分别用 A、B 表示，"教室里是否有灯光"可由灯 A、B 的亮、灭状态确定. 如果规定：灯亮用 1 表示，灯灭用 0 表示；教室有灯光用 1 表示，教室没有灯光用 0 表示，则"灯 A、B 的亮、灭"与"教室里是否有灯光"的关系可用表 6-4 和表 6-5 表示.

从表中可以看出："灯 A、B 的亮、灭"与"教室里是否有灯光"之间是一种因果逻辑关系. 这种描述客观事物一般逻辑关系的数学方法，称为**逻辑代数**.

表 6-4

灯 A	灯 B	教室
灭	灭	暗
亮	灭	亮
灭	亮	亮
亮	亮	亮

→

表 6-5

灯 A	灯 B	教室
0	0	0
1	0	1
0	1	1
1	1	1

逻辑代数的变量就是**逻辑变量**，常用大写字母 A、B、C…表示. 逻辑变量只有两种取值，即 0 和 1，它是表示事物矛盾双方的一种符号，而不表示数值大小，称之为**逻辑常量**.

用文字和符号 1、0 表示事物的条件与结果之间全部可能的情况，称为**状态赋值**. 经状态赋值所得到的，由文字和符号 1、0 组成的表，称为**逻辑真值表**，简称**真值表**.

在初等代数中有加减乘除四则运算，即算术运算，逻辑代数中则有"与""或""非" 3 种基本运算，它们不是数值运算，而是逻辑关系的运算，称之为**逻辑运算**. "与""或" "非" 3 种基本逻辑运算规则如下.

1. 与运算（逻辑乘）

$$0 \cdot 0 = 0, \ 0 \cdot 1 = 0, \ 1 \cdot 0 = 0, \ 1 \cdot 1 = 1$$

2. 或运算（逻辑加）

$$0 + 0 = 0, \ 0 + 1 = 1, \ 1 + 0 = 1, \ 1 + 1 = 1$$

3. 非运算（逻辑反）

$$\overline{0} = 1, \ \overline{1} = 0$$

二、三种逻辑关系

1. "与"逻辑关系

如图 6-7 所示开关串联电路，用电路符号将其所有可能发生的情况表示为图 6-8.

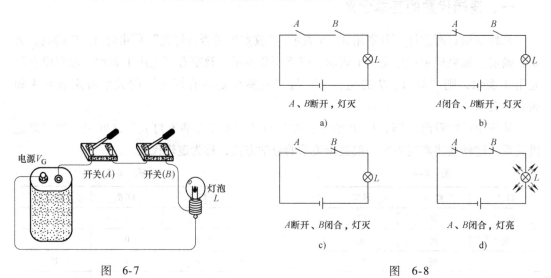

图 6-7

图 6-8

我们发现：只有当开关 A 和 B 同时闭合时，电路才会接通，灯 L 才会发亮. 灯 L 与开

关 A 和 B 之间是一种"**与**"**逻辑关系**，记作 $L = A \cdot B$（在不发生混淆时，常省去符号"$\cdot$"），读作 L 等于 A 与 B.

当决定一件事情的各个条件全部具备时（即条件同时为是），这件事才会发生，而且一定发生（即事件为真），这样的因果关系称为"**与**"**逻辑关系**.

如果规定：灯亮为 1，灯灭为 0；开关接通为 1，开关断开为 0，则开关 A、B 与灯 L 的逻辑关系如表 6-6 所示.

表 6-6

开关 A	开关 B	灯 L
0	0	0
0	1	0
1	0	0
1	1	1

用"与"运算表示为

$$0 \cdot 0 = 0,\ 0 \cdot 1 = 0,\ 1 \cdot 0 = 0,\ 1 \cdot 1 = 1$$

2. "**或**" 逻辑关系

如图 6-9 所示开关并联电路，用电路符号将其所有可能发生的情况表示为图 6-10.

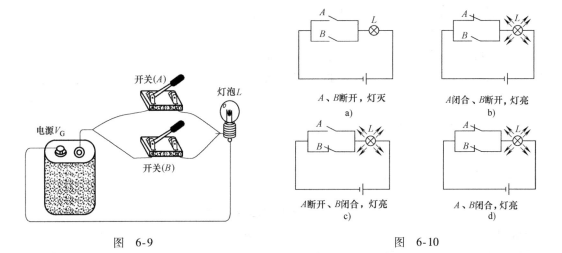

图 6-9 图 6-10

我们发现：当开关 A 和 B 中的任何一个闭合时，灯 L 都会发亮. 灯 L 与开关 A 和 B 之间是一种"**或**"**逻辑关系**，记作 $L = A + B$，读作 L 等于 A 或 B.

在决定一件事情的各个条件时，只要具备一个或一个以上的条件（即至少有一个条件为真），这件事情就会发生（即事件为真），这样的因果关系称为"**或**"**逻辑关系**.

如果规定：灯亮为 1，灯灭为 0；开关接通为 1，开关断开为 0，则开关 A、B 与灯 L 的逻辑关系如表 6-7

表 6-7

开关 A	开关 B	灯 L
0	0	0
0	1	1
1	0	1
1	1	1

所示.

用"或"运算表示为

$$0+0=0, \ 0+1=1, \ 1+0=1, \ 1+1=1$$

3. "非"逻辑关系

如图 6-11 所示，开关与灯泡并联在一起，用电路符号将其所有可能发生的情况表示为图 6-12.

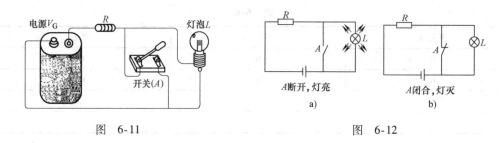

图 6-11   图 6-12

我们发现：当开关 A 闭合时灯 L 灭；当开关 A 断开时灯 L 亮. 开关 A 的开合与灯 L 的亮灭是一种**"非"逻辑关系**，记作 $L=\bar{A}$. A 上面的横线读作非或反，等式读作 L 等于 A 反.

当条件不满足（即条件为假）时，事件为真；当条件满足（即条件为真）时，事件为假，这样的因果关系称为**"非"逻辑关系**.

如果规定：灯亮为 1，灯灭为 0；开关接通为 1，开关断开为 0，则开关 A 与灯 L 的逻辑关系如表 6-8 所示.

表 6-8

开关 A	灯 L
0	1
1	0

用"非"运算表示为

$$\bar{0}=1, \ \bar{1}=0$$

三、基本逻辑图形符号

表示逻辑运算关系的图形符号，称为**逻辑图形符号**. 如图 6-13 所示，给出了"与""或""非"3 种逻辑运算关系的逻辑图形符号，它们既用于表示逻辑运算，也用于表示相应的门电路，即：与门、或门、非门.

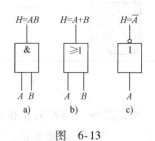

图 6-13

应用实例

【实例 1】 指出下列描述中所包含的逻辑关系，画出它们的逻辑图形符号并列表表示它们之间的逻辑关系.

（1）张教授和王教授同时在场才能打开这份文件.

（2）在少儿频道和中央七台都能看到儿童节目.

（3）足球赛中，A 队与 B 队交战，A 队胜，B 队负.

解 （1）设张教授为 A，王教授为 B，打开文件为 Y，则 A、B 与 Y 之间是"与"逻辑关系，记作 $Y = A \cdot B$。设教授在场为 1，教授不在场为 0；文件能打开为 1，文件不能打开为 0，逻辑关系可用表 6-9 表示。

逻辑图形符号可用图 6-14 表示。

表 6-9

张教授	王教授	打开文件
0	0	0
0	1	0
1	0	0
1	1	1

图 6-14

（2）设少儿频道为 A，中央七台为 B，收看儿童节目为 Y，则 A、B 与 Y 之间是"或"逻辑关系，记作 $Y = A + B$。设选择频道为 1，不选择频道为 0；能看儿童节目为 1，不能收看儿童节目为 0，逻辑关系可用表 6-10 表示。

逻辑图形符号可用图 6-15 表示。

表 6-10

少儿频道	中央七台	收看儿童节目
0	0	0
0	1	1
1	0	1
1	1	1

图 6-15

（3）A 队与 B 队之间是"非"逻辑关系，记作 $B = \overline{A}$。设胜为 1，负为 0，如表 6-11 所示。

逻辑图形符号可用图 6-16 表示。

表 6-11

A 队	B 队
0	1
1	0

图 6-16

本实例中的表就是逻辑函数真值表。

【实例 2】 与运算可以用"与"门实现，图 6-17 所示为用二极管实现的"与"门电路，假设图中二极管为理想开关，分析填空。

（1）如果输入 A、B 均为低电平（0V），则输出 Y 为__低__电平.

（2）如果输入 A、B 中有任意一个为低电平（0V），则输出 Y 为__低__电平.

（3）如果输入 A、B 全部为高电平（6V），则输出 Y 为__高__电平.

（当低电平（0V）用逻辑 0 表示，高电平（6V）用逻辑 1 表示时，该电路具有与逻辑功能）

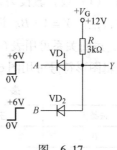

图 6-17

小 结

1. "与""或""非" 3 种逻辑运算法则.

（1）与运算（逻辑乘）：$0 \cdot 0 = 0$，$0 \cdot 1 = 0$，$1 \cdot 0 = 0$，$1 \cdot 1 = 1$；

（2）或运算（逻辑加）：$0 + 0 = 0$，$0 + 1 = 1$，$1 + 0 = 1$，$1 + 1 = 1$；

（3）非运算（逻辑反）：$\bar{0} = 1$，$\bar{1} = 0$.

2. "与""或""非" 3 种逻辑关系的表达式.

（1）与运算（逻辑乘）：$Z = AB$；

（2）或运算（逻辑加）：$Z = A + B$；

（3）非运算（逻辑反）：$Z = \bar{A}$.

3. "与""或""非" 3 种逻辑关系的真值表.

4. "与""或""非" 3 种逻辑运算关系的逻辑图形符号如图 6-18 所示.

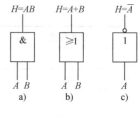

图 6-18

课题三 逻辑代数的表示方法

函数思想的建立是从常量数学转向变量数学的枢纽，它使数学能有效地揭示事物运动变化的规律，反映事物间的联系. 在逻辑代数中，逻辑函数的引入使得各种逻辑变量之间的关系可以借助于代数方法进行研究，避免了逻辑学中因对文字的不同理解而造成的不必要的错误.

知识要点

◎ 常见的逻辑函数表达式

◎ 逻辑函数表达式与真值表的相互转换

◎ 由逻辑图表示逻辑关系

能力要求

◎ 熟练运用常用的逻辑函数表达式表示逻辑关系

◎ 熟练转换逻辑函数表达式与真值表

◎ 了解逻辑图与逻辑关系的对应关系

基本知识

含有逻辑变量的函数就是**逻辑函数**. 其定义域只有 0 和 1 (非 0 即 1) 两个数, 值域也只有 0 和 1 (非 0 即 1) 两个数. 用于表示逻辑函数的方法有逻辑函数表达式 (也称逻辑式或函数式)、逻辑函数真值表、逻辑图和卡诺图.

一、逻辑函数表达式

表述逻辑自变量 (A, B, C, …) 与逻辑因变量 Y 之间函数关系的代数式, 称为**逻辑函数表达式**, 记作 $Y = F(A, B, C, \cdots)$.

> 输入逻辑变量无 "非" 号的称为**原变量**, 例如, A, B, C 等; 有 "非" 号的称为**反变量**, 例如, $\overline{A}$, $\overline{B}$, $\overline{C}$ 等.

常用的逻辑函数表达式如表 6-12 所示.

表 6-12　常用的逻辑函数表达式

逻 辑 关 系	表 达 式	逻 辑 关 系	表 达 式
与	$Y = AB$	与非	$Y = \overline{AB}$
或	$Y = A + B$	或非	$Y = \overline{A + B}$
非	$Y = \overline{A}$	与或非	$Y = \overline{AB + CD}$
与或	$Y = AB + CD$	异或	$Y = A \oplus B = A\overline{B} + \overline{A}B$
或与	$Y = (A + B)(C + D)$	同或	$Y = A \odot B = AB + \overline{A}\,\overline{B}$

> "与" "或" "非" 是最基本的逻辑函数, 其他逻辑函数都是由 "与" "或" "非" 演变而来的.

二、逻辑函数真值表

将逻辑函数自变量的各种可能取值组合与其因变量的值一一列出, 并以表格形式表示, 该表称为**逻辑函数真值表**.

1. 由逻辑函数表达式列真值表

首先把逻辑函数当中全部自变量的各种可能取值列入表中, 然后把每组变量取值代入逻辑函数表达式中，求出相应函数值并填入表中，即可得到相应的真值表.

真值表必须列出逻辑变量所有可能取值所对应的函数值. 两个逻辑变量有 $2^2 = 4$ 种可能取值，3 个逻辑变量有 $2^3 = 8$ 种可能取值，4 个逻辑变量有 2^4 种可能取值，……，n 个逻辑变量有 2^n 种可能取值.

例1：已知逻辑函数表达式 $Y = AB + \overline{A}C$，试列出相应的逻辑函数真值表.

解　根据函数表达式，列出相应的逻辑函数真值表如表6-13所示.

表　6-13

A	B	C	AB	$\overline{A}C$	Y
0	0	0	0	0	0
0	0	1	0	1	1
0	1	0	0	0	0
0	1	1	0	1	1
1	0	0	0	0	0
1	0	1	0	0	0
1	1	0	1	0	1
1	1	1	1	0	1

2. 由真值表写逻辑函数表达式

先把真值表中函数值（Y）等于1所对应的自变量组合一一取出，把同一组合中的自变量相"与"，再把这些"与"项相"或"，便得到相应的逻辑函数"与–或"表达式.

例2：已知逻辑函数真值表如表6-14所示，试写出相应的逻辑函数"与–或"表达式.

表　6-14

A	B	C	Y
0	0	0	0
0	0	1	1
0	1	0	0
0	1	1	1
1	0	0	0
1	0	1	0
1	1	0	1
1	1	1	1

解　函数 Y 取 1 时只有 4 种情况，对应的 A、B、C 取值分别为

$$001 \leftrightarrow \overline{A}\ \overline{B}C$$
$$011 \leftrightarrow \overline{A}BC$$
$$110 \leftrightarrow AB\overline{C}$$
$$111 \leftrightarrow ABC$$

因此，真值表所对应的逻辑函数表达式为

$$Y = \overline{A}\ \overline{B}C + \overline{A}BC + AB\ \overline{C} + ABC$$

取值为 0 的自变量，在其上加取反符号 " – ".

三、逻辑图

实现逻辑函数的逻辑电路原理图，称为**逻辑图**，它包括相应逻辑元件图形符号及连接导线. 逻辑元件符号与逻辑运算图形符号是一致的.

1. 由逻辑函数表达式画出相应的逻辑图

以"与-或"逻辑函数表达式为例，先画出各项的逻辑运算图形符号，再把各项"或"在一起，便得到相应的逻辑图.

2. 由逻辑图写出相应的逻辑函数表达式

从逻辑电路输入端向输出端方向，逐级写出各级逻辑函数表达式，并把它们组合起来，便可得到相应的逻辑函数表达式.

应用实例

【实例 1】　图 6-19 所示为控制楼梯照明灯的电路. 将单刀双掷开关 A 安装在楼下，B 则安装在楼上. 在楼下开灯后，可在楼上关灯；同样，也可在楼上开灯，在楼下关灯. 灯泡 L 亮与开关 A、B 所处的位置有关. 试画出相应的逻辑图.（其逻辑函数表达式为 $Y = AB + \overline{A}\ \overline{B} = A \odot B$.）

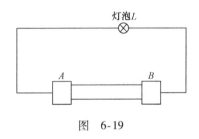

图　6-19

解　利用基本逻辑图形符号构建逻辑函数表达式 $Y = AB + \overline{A}\ \overline{B} = A \odot B$ 的逻辑图，如

图 6-20 所示.

【实例2】 已知逻辑图如图 6-21 所示，试写出相应的逻辑函数表达式.

解 由图 6-21 可得

$$Y = D + E = AB + \overline{A}C$$

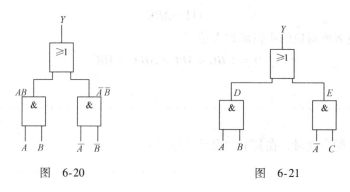

图 6-20   图 6-21

小 结

1. 逻辑函数有 3 个："与""或""非"，其他的逻辑函数都是由这 3 个基本逻辑函数复合而来的.

2. 由逻辑函数表达式列真值表，首先把逻辑函数中全部自变量的各种可能取值列入表中，然后把每组变量取值代入逻辑函数表达式中，求出相应的函数值并填入表中，即可得到相应的真值表.

3. 由逻辑函数真值表也可以写出逻辑函数表达式. 先把真值表中函数值（Y）等于 1 所对应的自变量组合一一取出，把同一组合中的自变量相"与"，再把这些"与"项相"或"，便得到相应的逻辑函数"与–或"表达式.

课题四 逻辑函数瘦身方法——卡诺图

上节前两个例题中，两个不同的逻辑函数表达式却有相同的真值表，说明它们的逻辑运算功能是一样的，而逻辑函数表达式越复杂，对应的逻辑电路图也越复杂. 从提高逻辑电路的工作可靠性、节省费用等角度出发，在完成既定逻辑运算的前提下，逻辑函数表达式越简单，实现这个逻辑函数的逻辑电路所需要的元件就越少. 为此，经常需要通过化简的手段找出逻辑函数的最简单的形式.

知识要点

◎ 逻辑代数的公式和基本定律

◎ 逻辑函数的最小项表达式

◎ 最小项的性质

◎ 卡诺图的应用

能力要求

◎ 能判断是否为最简逻辑函数表达式

◎ 熟练运用卡诺图对逻辑函数进行化简

◎ 能根据已知条件写出逻辑表达式

基本知识

若逻辑函数表达式中包含的乘积项已经最少，而且每个乘积项里的因子不能再减少时，则称此逻辑函数表达式为**最简逻辑函数表达式**. 通常都化成最简"与－或"式. 用"与-或"式表示的逻辑函数，可以用与门和或门来实现.

一、逻辑代数的公式和基本定律

1. 逻辑代数的公式

设 A、B、C 为逻辑变量，它们只能取 0 和 1 这两个值，根据"与运算""或运算"的运算法则，可得到逻辑代数的基本公式如表 6-15 所示.

表 6-15 逻辑代数的基本公式

序 号	公 式	序 号	公 式
1	$A \cdot 1 = A$	4	$A + 0 = A$
2	$A + 1 = 1$	5	$A \cdot \overline{A} = 0$
3	$A \cdot 0 = 0$	6	$A + \overline{A} = 1$

这里"·"表示与运算，"＋"表示或运算.

可以看出，逻辑代数基本公式体现了逻辑变量与逻辑常量之间的关系. 此时，逻辑变量 A 有两种取值：1 和 0，对于公式 2 来说，无论 A 取 1 还是 0，都有

$$1 + 1 = 1, \ 0 + 1 = 1$$

因此

$$A + 1 = 1$$

同样，我们也可以验证其他公式的正确性.

2. 逻辑代数的基本定律

在初中所学的代数中，运算法则满足交换律、结合律、分配律. 在逻辑代数中，除了上述规律外，还有一些特殊的运算规律，如表 6-16 所示.

表 6-16　逻辑代数基本定律

名　称	序　号	公　式
交换律	1	$AB = BA$
	2	$A + B = B + A$
结合律	3	$(AB)C = A(BC)$
	4	$(A + B) + C = A + (B + C)$
分配律	5	$A(B + C) = AB + AC$
	6	$A + BC = (A + B)(A + C)$
同一律	7	$AA = A$ $AAA\cdots A = A$
	8	$A + A = A$ $A + A + A + \cdots + A = A$
反演律（德·摩根律）	9	$\overline{AB} = \overline{A} + \overline{B}$
	10	$\overline{A + B} = \overline{A}\ \overline{B}$
还原律	11	$\overline{\overline{A}} = A$
扩展律	12	$A = AB + A\overline{B}$

公式简化法的实质：反复使用逻辑代数的基本公式、定律消去多余的乘积项和每个乘积项中多余的因子，以求得逻辑函数表达式的最简形式. 常用的方法有消去法、吸收法、合并法、配项法等. 尤其是配项法需要一定的熟练程度，这里就不一一介绍了. 那么，有没有更加直观的化简方法呢？这就是我们下面将要介绍的卡诺图. 用卡诺图化简逻辑函数是一种既简单又直观的方法. 卡诺图作为真值表的一种变换，比真值表更明确地表示出了逻辑函数的内在联系. 使用卡诺图可以避免烦琐的逻辑代数运算.

二、逻辑函数的最小项表达式

1. 最小项的定义

在"与－或"逻辑函数表达式中，设 A、B、C 为逻辑变量，3 个变量可以构成许多乘积项，例如：

$$\overline{A}BC、\overline{A}\ \overline{B}C、A\ \overline{B}C\overline{A}、A(B + C)、\cdots$$

其中有一类乘积项如表 6-17 所示.

表 6-17　三变量最小项

序号	m_0	m_1	m_2	m_3
乘积项	$\overline{A}\ \overline{B}\ \overline{C}$	$\overline{A}\ \overline{B}C$	$\overline{A}B\overline{C}$	$\overline{A}BC$
序号	m_4	m_5	m_6	m_7
乘积项	$A\overline{B}\ \overline{C}$	$A\overline{B}C$	$AB\overline{C}$	ABC

由表可见，各个乘积项的共同特点是：

（1）每项都只有 3 个因子，而且包含了全部 3 个变量；

（2）每个变量都作为一个因子在每个乘积项中只出现一次.

具备上述两个特点的这 8 个乘积项中的任何一项，称为三变量 A、B、C 的**逻辑函数的最小项**.

与真值表中的规定相同，原变量用 1 表示，反变量用 0 表示，并将二进制数转换成十进制数，用这个十进制数作为下标，则

$$\overline{A}\ \overline{B}\ \overline{C} \leftrightarrow 000 \leftrightarrow m_0$$
$$\overline{A}\ \overline{B}C \leftrightarrow 001 \leftrightarrow m_1$$
$$\overline{A}B\ \overline{C} \leftrightarrow 010 \leftrightarrow m_2$$
$$\overline{A}BC \leftrightarrow 011 \leftrightarrow m_3$$
$$A\ \overline{B}\ \overline{C} \leftrightarrow \underline{\quad\quad} \leftrightarrow \underline{\quad\quad}$$
$$A\ \overline{B}C \leftrightarrow \underline{\quad\quad} \leftrightarrow \underline{\quad\quad}$$
$$AB\ \overline{C} \leftrightarrow \underline{\quad\quad} \leftrightarrow \underline{\quad\quad}$$
$$ABC \leftrightarrow \underline{\quad\quad} \leftrightarrow \underline{\quad\quad}$$

试着完成上面的空项.

如果逻辑函数有 k 个变量，则可构成 2^k 个最小项. 例如，含有 4 个变量的最小项共有 $2^4 = 16$ 个.

同样，四变量最小项也有编号. 例如，

$$\overline{A}BC\ \overline{D} \leftrightarrow 0110 \leftrightarrow m_6$$
$$AB\ \overline{C}D \leftrightarrow 1101 \leftrightarrow m_{13}$$
$$ABC\ \overline{D} \leftrightarrow 1110 \leftrightarrow m_{14}$$
$$A\ \overline{B}CD \leftrightarrow \underline{\quad\quad} \leftrightarrow \underline{\quad\quad}$$
$$A\ \overline{B}\ \overline{C}D \leftrightarrow \underline{\quad\quad} \leftrightarrow \underline{\quad\quad}$$
$$AB\ \overline{C}\ \overline{D} \leftrightarrow \underline{\quad\quad} \leftrightarrow \underline{\quad\quad}$$

试着完成上面的空项.

2. 最小项的性质

以三变量最小项为例，说明其性质如下：

（1）全体最小项（$2^3 = 8$ 个）之"或"为 1，即 $m_0 + m_1 + m_2 + \cdots + m_7 = 1$.

（2）任意两个最小项之"与"为 0. 例如，m_2 与 m_5 相与，有

$$m_2 m_5 = (\overline{A}B\ \overline{C})(A\ \overline{B}C) = (\overline{A}A)(B\ \overline{B})(\overline{C}C) = 0$$

（3）两个最小项相比较，若只有一个因子不同而其他因子都相同，则称**这两个最小项是逻辑相邻的**. 例如，$m_3 = \overline{A}BC$ 和 $m_7 = ABC$ 相比较，只有 A 与 $\overline{A}$ 不同，因此 m_3 与 m_7 是逻辑相邻的.

（4）两个逻辑相邻的最小项之"或"可以合并成一个与项，并消去一个因子. 例如，
$$m_7 + m_3 = ABC + \overline{A}BC = (A + \overline{A})BC = 1 \cdot BC = BC.$$

3. 标准"与-或"表达式

任意一个逻辑函数均可表示成唯一的一组最小项之和的形式，称为**标准"与－或"表达式**（最小项表达式）. 例如，
$$F(A,B,C) = \overline{A}B\overline{C} + A\overline{B}\,\overline{C} + ABC = m_2 + m_4 + m_7$$
$$F(A,B,C,D) = A\overline{B}C\overline{D} + AB\overline{C}\,\overline{D} + ABCD = m_{10} + m_{12} + m_{15}$$

为了获得逻辑函数的最小项表达式，首先将逻辑函数展开成"与－或"表达式，然后将缺少变量的与项配项，直到每一项都成为包含所有变量的与项，即最小项为止.

例 1：将逻辑函数 $F(A，B，C) = AB + B\overline{C} + \overline{A}B\,\overline{C}$ 表达为最小项表达式.

解
$$F(A,B,C) = AB + B\overline{C} + \overline{A}B\,\overline{C}$$
$$= AB(C + \overline{C}) + B\overline{C}(A + \overline{A}) + \overline{A}B\,\overline{C}$$
$$= ABC + AB\overline{C} + AB\overline{C} + \overline{A}B\,\overline{C} + \overline{A}B\,\overline{C}$$
$$= ABC + AB\overline{C} + \overline{A}B\,\overline{C}$$
$$= m_7 + m_6 + m_2$$

AB 缺少因子 C，利用 $C + \overline{C} = 1$ 进行配项.

三、卡诺图

为了便于化简，把逻辑函数的所有最小项表示为小方格，小方格在排列时，任意几何位置相邻的小方格在逻辑上也是相邻的，这样得到的列表称为**卡诺图**.

卡诺图具有如下特点：

（1）紧挨着的小方格是几何相邻的，称为**平面几何相邻**；

（2）最上边与最下边、最左边与最右边、4 个角都分别是相邻的，称为**立体几何相邻**.

如图 6-22 所示，当我们将一张画有表格的纸横向折成筒状时，最左边与最右边就挨在了一起，即 1 与 4、5 与 8、9 与 12、13 与 16 都是相邻的；当我们将一张画有表格的纸纵向折成筒状时，最上边与最下边也挨在了一起，即 1 与 13、2 与 14、3 与 15、4 与 16 都是相邻的. 自然地，4 个角 1、4、13、16 也是立体几何相邻的.

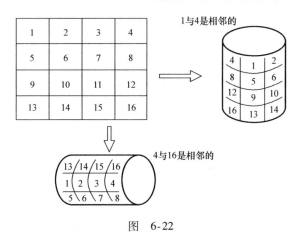

图 6-22

逻辑相邻是指两个小方格所表示的最小项相比较，只有一个因子不同而其他因子都相同，逻辑相邻项可以合并化简. 几何相邻是指两个小方格的几何位置是相邻的.

画卡诺图时，根据函数中变量的数目 k，将图形分成 2^k 个方格，**每个方格和一个最小项相对应，方格的编号和最小项的编号相同，**由方格外面行变量和列变量的取值决定.
图 6-23 所示分别是二变量、三变量和四变量的卡诺图.

A＼B	0	1
0	m_0	m_1
1	m_2	m_3

a)

A＼BC	00	01	11	10
0	m_0	m_1	m_3	m_2
1	m_4	m_5	m_7	m_6

b)

AB＼CD	00	01	11	10
00	m_0	m_1	m_3	m_2
01	m_4	m_5	m_7	m_6
11	m_{12}	m_{13}	m_{15}	m_{14}
10	m_8	m_9	m_{11}	m_{10}

c)

图 6-23

卡诺图中任意两相邻方格中的项，只有一个因子不同（互为反变量）而其他因子都相同，即逻辑相邻.

四、用卡诺图表示逻辑函数

1. 由逻辑函数真值表可知该逻辑函数的全部最小项及相应的函数值

　　画已知逻辑函数的卡诺图时，凡是使 $Y=1$ 的那些最小项，在相应的方格中填1；而对于使 $Y=0$ 的那些最小项，则在相应的方格中填0.

　　例2：根据真值表（见表6-18）画出逻辑函数的卡诺图.

表　6-18

	A	B	C	Y		A	B	C	Y
m_0	0	0	0	0	m_4	1	0	0	0
m_1	0	0	1	0	m_5	1	0	1	1
m_2	0	1	0	0	m_6	1	1	0	1
m_3	0	1	1	0	m_7	1	1	1	1

　　解　由真值表可以看出，使 $Y=1$ 的最小项有 m_5、m_6、m_7，将其填入卡诺图（见图6-24）对应的小方格中.

A＼BC	00	01	11	10
0	0	0	0	0
1	0	1	1	1

图　6-24

2. 由逻辑函数表达式填写卡诺图

　　根据逻辑函数最小项表达式画卡诺图时，表达式中有哪些最小项，就在相应的方格中填1，而其余的方格填0（或者不填）.

　　若逻辑函数不是"与－或"式，应先将逻辑函数变换成"与－或"式（不必变换成最小项表达式），然后把含有各个"与"项的最小项在相应的小方格内填1，即得逻辑函数的卡诺图.

　　例3：画出 $Y=A\overline{B}C+\overline{A}BC+AB$ 的卡诺图.

　　解
$$Y=A\overline{B}C+\overline{A}BC+AB\ (C+\overline{C})$$
$$=A\overline{B}C+\overline{A}BC+AB\overline{C}+ABC$$
$$=m_5+m_3+m_6+m_7$$

因此，在 m_3、m_5、m_6、m_7 相应的小方格内填 1，得到已知逻辑函数的卡诺图如图 6-25 所示.

A＼BC	00	01	11	10
0	0	0	1	0
1	0	1	1	1

图　6-25

为了更清楚地看出卡诺图与函数表达式之间的关系，我们可以将卡诺图改造成如图 6-26 所示（以四变量为例）.

		$\overline{C}\overline{D}$	$\overline{C}D$	CD	$C\overline{D}$
AB＼CD		00	01	11	10
$\overline{A}\overline{B}$	00				
$\overline{A}B$	01				
AB	11				
$A\overline{B}$	10				

图　6-26

在改造后的卡诺图中，画出函数 $F(A，B，C，D) = AB\overline{C} + BCD$ 的卡诺图，方法如下：

（1）找到含有 AB 的行和含有 $\overline{C}$ 的列交叉处的小方格，填上 1，它们就是含有 $AB\overline{C}$ 的最小项；

（2）找到含有 B 的行和含有 CD 的列交叉处的小方格，填上 1，它们就是含有 BCD 的最小项.

结果如图 6-27 所示.

		$\overline{C}\overline{D}$	$\overline{C}D$	CD	$C\overline{D}$
AB＼CD		00	01	11	10
$\overline{A}\overline{B}$	00				
$\overline{A}B$	01			1	
AB	11	1	1	1	
$A\overline{B}$	10				

图　6-27

例4：画出下列四变量逻辑函数的卡诺图.

（1）$Y = C$；

（2）$Y = AB$；

（3）$Y = \bar{B} + CD + \bar{A}B\,\bar{C} + AB\,\bar{C}D$.

解　（1）$Y = C$；（见图6-28）

AB\CD	00	01	11	10
00			1	1
01			1	1
11			1	1
10			1	1

图　6-28

（2）$Y = AB$.（见图6-29）

AB\CD	00	01	11	10
00				
01				
11	1	1	1	1
10				

图　6-29

（3）$Y = \bar{B} + CD + \bar{A}B\,\bar{C} + AB\,\bar{C}D$（见图6-30）

AB\CD	00	01	11	10
00	1	1	1	1
01	1	1	1	
11		1	1	
10	1	1	1	1

图　6-30

3. 由卡诺图写出逻辑函数最小项表达式

由已知逻辑函数的卡诺图，可以写出相应的逻辑函数"与-或"表达式. 只要把图中填1的小方格对应的最小项写出来，然后各最小项相"或"即可.

例5：根据卡诺图（见图6-31）写出逻辑函数的最小项表达式.

解　根据图6-31a可知：填1的小方格有4个，它们的编号分别为m_0、m_2、m_3、m_5. 因此，逻辑函数的最小项表达式为

$$F(A,B,C) = \bar{A}\,\bar{B}\,\bar{C} + \bar{A}B\,\bar{C} + \bar{A}BC + A\,\bar{B}C = m_0 + m_2 + m_3 + m_5$$

A＼BC	00	01	11	10
0	1	0	1	1
1	0	1	0	0

a)

AB＼CD	00	01	11	10
00	1	0	0	1
01	0	0	0	0
11	0	0	0	0
10	1	0	0	1

b)

图　6-31

根据图 6-31b 可知：填 1 的小方格有 4 个，它们的编号分别为 m_0、m_2、m_8、m_{10}，因此，逻辑函数的最小项表达式为

$$F(A,B,C,D) = \bar{A}\,\bar{B}\,\bar{C}\,\bar{D} + \bar{A}\,\bar{B}C\bar{D} + A\bar{B}\,\bar{C}\,\bar{D} + A\bar{B}C\bar{D}$$

$$= m_0 + m_2 + m_8 + m_{10}$$

五、用卡诺图化简逻辑函数

引入卡诺图来表示逻辑函数，目的是借助卡诺图对逻辑函数进行化简.

由最小项的性质可知：凡是两个逻辑相邻的最小项之"或"可以合并成一项，并消去一个变量；4 个相邻最小项合并可消去两个变量；8 个相邻最小项合并可消去 3 个变量. 因此，在填好卡诺图后，可以借助于圈"1"法进行化简.

为获得最简"与－或"式，在圈"1"时需注意：

1）圈相邻的最小项，只能两项、4 项和 8 项一圈. 先圈 8 格组，再圈 4 格组，后圈两格组，孤立的小方格单独画成一个圈.

2）圈的个数应尽量少，圈越少，与项越少.

3）圈应尽量大，圈越大，消去的变量越多.

4）有些方格可以多次被圈，但是每个圈都要有新的方格，否则该圈所表示的与项是多余的.

5）有时由于圈格的方法不止一种，因此化简的结果也就不同，但它们之间可以转换.

表 6-19 分别给出了两个、4 个和 8 个相邻最小项合并为一项的示例.

表 6-19　两个、4 个和 8 个相邻最小项合并示例

分　类	合并方法示例	说　明
两个相邻	 $\begin{array}{c\|cccc} & BC & 00 & 01 & 11 & 10 \\ A \\ 0 & & & & (1) & \\ 1 & & & & (1) & \end{array}$ $Y = m_3 + m_7 = \overline{A}BC + ABC = BC$	从卡诺图可直接看出，不论 A 取何值，只要 $BC = 11$，结果就为 1. 所以可直接写出化简结果 $Y = BC$
4 个相邻	 $\begin{array}{c\|cccc} & BC & 00 & 01 & 11 & 10 \\ A \\ 0 & 1 & & & 1 \\ 1 & 1 & & & 1 \end{array}$ $Y = m_0 + m_2 + m_4 + m_6$ $= \overline{A}\,\overline{B}\,\overline{C} + \overline{A}B\overline{C} + A\overline{B}\,\overline{C} + AB\overline{C} = \overline{C}$	从卡诺图可直接看出，不论 A 取何值，也不论 B 取何值，只要 $C = 0$，结果就为 1. 所以可直接写出结果 $Y = \overline{C}$
8 个相邻	 $\begin{array}{c\|cccc} & CD & 00 & 01 & 11 & 10 \\ AB \\ 00 & 1 & 1 & 1 & 1 \\ 01 & & & & \\ 11 & & & & \\ 10 & 1 & 1 & 1 & 1 \end{array}$ $Y = m_0 + m_1 + m_3 + m_2 + m_8 + m_9 + m_{11} + m_{10}$ $= \overline{B}$	从卡诺图可直接看出，不论 A 取何值，也不论 CD 取何值，只要 $B = 0$，结果就为 1. 所以可直接写出结果 $Y = \overline{B}$

你能直接对上边的卡诺图分析写出化简结果吗？

应用实例

【实例 1】　根据图 6-32 所示卡诺图写出逻辑函数表达式，并化简.

解　卡诺图中填 1 的小方格有 6 个，卡诺图所表示的逻辑函数为

$$F(A, B, C) = \overline{A}\,\overline{B}\,\overline{C} + \overline{A}\,\overline{B}C + \overline{A}BC + A\overline{B}\,\overline{C} + ABC + AB\overline{C}$$

$$= m_0 + m_1 + m_3 + m_4 + m_7 + m_6$$

因为

$$m_0 + m_1 = \overline{A}\,\overline{B}$$

$$m_4 + m_6 = A\overline{C}$$

$$m_3 + m_7 = BC$$

所以，化简后的逻辑函数为

$$F(A,B,C) = \overline{A}\,\overline{B} + A\,\overline{C} + BC$$

【实例2】 化简

$$F(A,B,C,D) = ABCD + \overline{A}\,\overline{B}\,\overline{C}\,\overline{D} + A\,\overline{B}C + \overline{A}\,BD + AB\,\overline{D} + ABD$$

解 （1）用卡诺图表示逻辑函数，如图 6-33 所示.

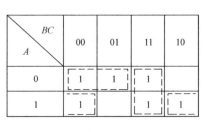

图 6-32

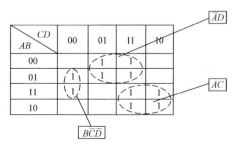

图 6-33

（2）画卡诺图圈住全部为"1"的方格，如图 6-33 所示.

（3）化简后的逻辑函数为

$$F(A,B,C,D) = \overline{A}D + AC + B\,\overline{C}\,\overline{D}.$$

还有没有其他的圈法？化简结果相同吗？

【实例3】 举重比赛中，通常设 3 名裁判：一名为主裁判，另两名为副裁判. 竞赛规则规定运动员每次试举必须获得主裁判及至少一名副裁判的认可，方算成功. 裁判员的态度只有同意和不同意两种；运动员的试举也只有成功和失败两种情况. 试用逻辑代数加以描述.

解 用 A、B、C 这 3 个逻辑变量表示主、副 3 名裁判：取值 1 表示同意（成功），取值 0 表示不同意（失败）.

举重运动员用 L 表示，取值 1 表示成功，取值 0 表示失败. 显然，L 由 A、B、C 决定，L 为 A、B、C 的逻辑函数. 列逻辑函数 L 的真值表如表 6-20 所示.

表 6-20

A	B	C	L
0	0	0	0
0	0	1	0
0	1	0	0

（续）

A	B	C	L
0	1	1	0
1	0	0	0
1	0	1	1
1	1	0	1
1	1	1	1

从真值表可以看出，L 取值为 1 时只有 3 项，A、B、C 的取值分别为

$$101 \leftrightarrow A\,\overline{B}C$$
$$110 \leftrightarrow AB\,\overline{C}$$
$$111 \leftrightarrow ABC$$

所以

$$
\begin{aligned}
L &= A\,\overline{B}C + AB\,\overline{C} + ABC \\
&= A\,\overline{B}C + ABC + AB\,\overline{C} + ABC \\
&= AC(B + \overline{B}) + AB(C + \overline{C}) \\
&= AC + AB \\
&= A(B + C)
\end{aligned}
$$

【实例4】 3 个开关控制一个灯的电路如图 6-34 所示. 试用逻辑代数对该电路进行描述.

解 如果规定：开关闭合用 1 表示，断开用 0 表示；灯 L 亮用 1 表示，灭用 0 表示. L 是 S_1、S_2、S_3 3 个变量的逻辑函数，只有当 S_1 闭合，且 S_2 和 S_3 中任意一个也闭合时，灯才会亮. 所以可以直接写出逻辑函数 $L = S_1(S_2 + S_3)$.

也可以列出真值表（见表 6-21）.

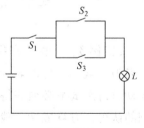

图 6-34

表 6-21

S_1	S_2	S_3	L
0	0	0	0
0	0	1	0
0	1	0	0
0	1	1	0
1	0	0	0
1	0	1	1
1	1	0	1
1	1	1	1

根据真值表写出逻辑函数并化简，得

$$L = S_1 \overline{S_2} S_3 + S_1 S_2 \overline{S_3} + S_1 S_2 S_3$$
$$= S_1 \overline{S_2} S_3 + S_1 S_2 S_3 + S_1 S_2 \overline{S_3} + S_1 S_2 S_3$$
$$= S_1 S_3 + S_1 S_2$$
$$= S_1 (S_2 + S_3)$$

此例题的电路实际上就是举重裁判的控制电路. 并联的开关可用"或"运算来描述，串联的开关可用"与"运算来描述.

小　结

1. 最小项的性质：

（1）全体最小项之"或"为 1.

（2）任意两个最小项之"与"为 0.

（3）两个最小项相比较，若只有一个因子不同而其他因子都相同，则称这两个最小项是逻辑相邻的.

（4）两个逻辑相邻的最小项之"或"可以合并成一个与项，并消去一个因子.

2. 卡诺图的特点：

（1）紧挨着的小方格是几何相邻的，称为平面几何相邻.

（2）最上边与最下边、最左边与最右边、4 个角都分别是相邻的，称为立体几何相邻.

3. 画已知逻辑函数的卡诺图时，凡是使 $Y = 1$ 的那些最小项，在相应的方格中填 1；而对于使 $Y = 0$ 的那些最小项，则在相应的方格中填 0.

4. 由已知逻辑函数的卡诺图，可以写出相应的逻辑函数"与 – 或"表达式. 只要把图中填 1 的小方格对应的最小项写出来，然后各最小项相"或"即可.

5. 在圈"1"时需注意：

（1）圈相邻的最小项，只能两项、4 项和 8 项一圈. 先圈 8 格组，再圈 4 格组，后圈两格组，孤立的小方格单独画成一个圈.

（2）圈的个数应尽量少，圈越少，与项越少.

（3）圈应尽量大，圈越大，消去的变量越多.

（4）有些方格可以多次被圈，但是每个圈都要有新的方格，否则该圈所表示的与项是多余的.

（5）有时由于圈格的方法不止一种，因此化简的结果也就不同，但它们之间可以相互转换.

参 考 文 献

[1] 华玉良. 数学［M］. 北京：中国劳动社会保障出版社，2005.
[2] 钟建华. 电路数学［M］. 北京：人民邮电出版社，2006.
[3] 张云福. 数学［M］. 北京：机械工业出版社，2006.
[4] 邓柔芳. 应用数学［M］. 北京：机械工业出版社，2008.
[5] 李广全，李尚志. 数学［M］. 北京：高等教育出版社，2008.

应用数学

（电类专业）

学习指导

机械工业出版社

>>目 录

模块一　数 与 集 合

课题一　实数的相关知识

课堂练习

一、填空题

1. -2.5 的倒数为 _____，它的相反数为 _____．

2. 绝对值小于 3 的负整数有 _____ 个，整数有 _____ 个．

3. 若 $|-x|=3$，则 $x=$ _____．

4. 如果 a，b 是实数，且 $|a+1|+|b-1|=0$，那么 $a=$ _____，$b=$ _____．

5. _____ 的平方与它的立方互为相反数，_____ 的倒数与它的平方相等．

6. 用 "$>$" "$<$" 或 "$=$" 填空：

(1) 当 $b>0$ 时，$a-b$ _____ a；

(2) 当 $b<0$ 时，$a-b$ _____ a；

(3) 当 $b=0$ 时，$a-b$ _____ a．

7. 如图 F1-1 所示电路，设 C 为参考点，则 $\varphi_A=$ _____，$\varphi_B=$ _____，$\varphi_C=$ _____；设 B 为参考点，则 $\varphi_A=$ _____，$\varphi_B=$ _____，$\varphi_C=$ _____．

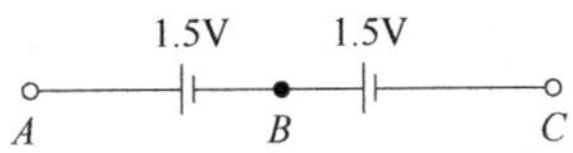

图　F1-1

二、选择题

1. 在数轴上，到原点的距离等于 5 个单位长度的点，表示的数为 (　　)．

A. 5　　　　　　　B. -5　　　　　　　C. ± 5　　　　　　　D. $|\pm 5|$

2. 下列判断错误的是 (　　)．

A. 正数的绝对值一定是正数　　　B. 负数的绝对值一定是正数

C. 任何数的绝对值都是正数　　　D. 任何数的绝对值都不是负数

3. 如图 F1-2 所示，数轴上 A、B 两点分别对应实数 a、b，则下列结论正确的是（　　）.

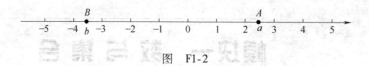

图　F1-2

A. $a + b > 0$　　　B. $ab > 0$　　　　C. $a - b > 0$　　　　D. $|a| - |b| > 0$

4. 在数轴上，点 A 对应的数是 -2006，点 B 对应的数是 17，则 A、B 两点的距离是（　　）.

A. 1989　　　　B. 1999　　　　C. 2013　　　　D. 2023

5. 有两位同学在书店购买书籍后回家，一位同学乘上甲出租车向东行驶，经过 8km 路标后又向前行驶 2km 到达 A 处，另一位同学乘上乙出租车向西行驶，经过 6km 路标后又向前行驶 4km 到达 B 处. 请问两位同学付费额度是否一样？为什么？

 付费额度与行驶方向有没有关系？

三、如图 F1-3 所示电路，已知：$R_1 = R_2 = 8\Omega$，$R_3 = 4\Omega$.

1. 求 G_1，G_2，G_3，G.

2. 求 R.

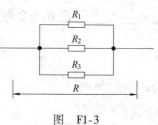

图　F1-3

一、填空题

1. 若 $|x-2|=3$，则 $x=$ _____.

2. 若 m，n 互为相反数，且 $m=\dfrac{1-a}{3a}$，则 $n=$ _____.

3. 一个数的相反数是 $-1\dfrac{2}{3}$，则这个数是_____.

4. 一个数和它倒数的和是 2，这个数是_____.

二、选择题

1. $\sqrt{2}-1$ 的倒数是（　　）.

A. $\sqrt{2}+1$ 　　　　B. $\sqrt{2}-1$ 　　　　C. $\dfrac{1}{\sqrt{2}+1}$ 　　　　D. $\dfrac{\sqrt{2}+1}{3}$

2. 化简 $|a-3|+a-3$ 的结果是（　　）.

A. $2a-6$ 　　　　B. 0 　　　　C. $2a-6$ 或 0 　　　　D. $6-2a$

3. 0.5 与 $-\dfrac{1}{2}$（　　）.

A. 互为相反数 　　　　　　　　B. 互为另一数倒数的相反数

C. 互为倒数 　　　　　　　　　D. 之间不存在相反数或倒数关系

4. 如图 F1-4 所示直流电路中，I_1 为（　　）.

A. 11A 　　　　　　　　B. -5A

C. 15A 　　　　　　　　D. 5A

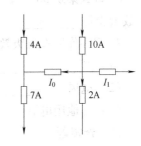

图　F1-4

三、已知：$|a|=1$，$|b|=3$，求 $a+b$ 的值.

四、如图 F1-5 所示，分别以 a，b，c 为参考点，求 a，b，c 三点电位及 U_{ab}，U_{bc}，U_{ac}.

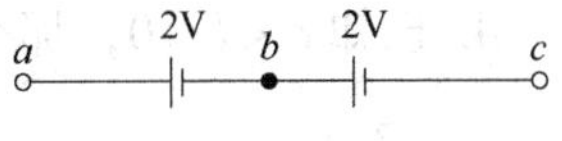

图　F1-5

课题二 不等式与集合

课堂练习

一、填空题

1. 用符号 $\in$ 或 $\notin$ 填空：

(1) 设 A 为所有亚洲国家组成的集合，则中国＿＿＿＿＿＿A；美国＿＿＿＿＿＿A；印度＿＿＿＿＿＿A；英国＿＿＿＿＿＿A.

(2) 若 $\{x \mid x^2 = x\}$，则 -1＿＿＿＿＿＿A.

(3) 0＿＿＿＿＿＿$\mathbf{N}$，　　　　　　-2＿＿＿＿＿＿$\mathbf{N}$，　　　　　　$\sqrt{7}$＿＿＿＿＿＿$\mathbf{Q}$，

$1 + \sqrt{3}$＿＿＿＿＿＿$\mathbf{R}$，　　$\dfrac{4}{5}$＿＿＿＿＿＿$\mathbf{Z}$，　　　　π＿＿＿＿＿＿$\mathbf{R}$.

2. 不等式 $3x - 1 \leqslant 5$ 的解集为＿＿＿＿＿＿＿＿＿＿＿＿＿＿.

3. 不等式组 $\begin{cases} 2x - 1 > 0 \\ 3x + 1 > 0 \end{cases}$ 的解集为＿＿＿＿＿＿＿＿＿＿＿＿＿＿.

4. 不等式 $|1 - x| \geqslant 5$ 的解集为＿＿＿＿＿＿＿＿＿＿＿＿＿＿.

5. 不等式 $(x - 3)^2 \geqslant 4$ 的解集为＿＿＿＿＿＿＿＿＿＿＿＿＿＿.

6. 调查某班 50 名学生，音乐爱好者 40 名，体育爱好者 24 名，则这两方面都爱好的人数最少是＿＿＿＿＿＿＿＿＿名，最多是＿＿＿＿＿＿＿＿＿名.

7. 观察你所在班级教室有哪些用电器，了解额定值.

(1) 灯＿＿＿＿＿＿＿＿盏，每盏功率为＿＿＿＿＿＿＿＿；

(2) 电风扇＿＿＿＿＿＿＿＿台，每台功率为＿＿＿＿＿＿＿＿；

(3) 其他用电器＿＿＿＿＿＿＿＿台，总功率为＿＿＿＿＿＿＿＿.

二、选择题

1. 下列不等式正确的是（　　　　）.

A. $3 - a > 5 - a$ 　　B. $2a < 3a$ 　　C. $a + 2 < a + 4$ 　　D. $-3a > -5a$

2. 若 $a > b$，c 为实数，则下列不等式成立的是（　　　　）.

A. $ac > bc$ 　　　　B. $ac < bc$ 　　　　C. $ac^2 > bc^2$ 　　　　D. $ac^2 < bc^2$

3. 若 $a + b < 0$，$ab > 0$，则下列结论正确的是（　　　　）.

A. $a > 0$，$b > 0$ 　　B. $a > 0$，$b < 0$ 　C. $a < 0$，$b > 0$ 　D. $a < 0$，$b < 0$

4. 已知 $a < b < 0$，那么（　　　　）.

A. $a^2 < b^2$ 　　　　B. $\dfrac{a}{b} < 1$ 　　　　C. $|a| < |b|$ 　　　　D. $a^3 > b^3$

5. 不等式 $|x + 3| > 5$ 的解集为（　　　　）.

A. $x > 1$ 　　　　B. $x > 2$ 　　　　C. $x > 3$ 　　　　D. $x > 4$

三、园林工人计划使用可以做出 20m 栅栏的材料，在靠墙的位置围出一块矩形的花

圃．要使得花圃的面积不小于 $42\mathrm{m}^2$，你能确定与墙平行的栅栏的长度范围吗？

四、现有量程分别为 100mA、500mA、50mA 的 3 块电流表，某电路中的电流为 87mA，选择哪一块进行测量？为什么？

一、填空题

1. 若 $3x + 2m < 1$ 的解集为 $x < 1$，则 $m =$ _____.

2. 不等式 $x - 3 > 2(x + 2)$ 的解集为 _____.

3. 前 5 个正整数组成的集合为 _____.

4. 所有正偶数组成的集合为 _____，所有正奇数组成的集合为 _____.

5. 当 x _____ 时，代数式 $\dfrac{3 + 6x}{8}$ 的值是正数；当 x _____ 时，代数式 $\dfrac{24 - 3x}{5}$ 的值是负数；当 x _____ 时，代数式 $\dfrac{6 - 2x}{5}$ 的值为非负数.

二、判断题

1. 由 $x + 7 \geqslant a + 7$，得 $x \geqslant a$. ( )

2. 由 $x - 7 < a - 7$，得 $x > a$. ( )

3. 由 $-\dfrac{x}{3} > 2$，得 $x > 6$. ( )

4. 由 $3 - x \leqslant 2$，得 $x \leqslant 1$. ( )

5. 由 $2x - 3 \leqslant 5$，得 $x > 2$. ( )

6. 由 $1 - 2x > 3$，得 $x > 1$. ( )

三、 据了解，火车票价按 $\dfrac{\text{全程参考价} \times \text{实际乘车里程数}}{\text{总里程数}}$，的方法来确定. 已知 A 站至 H 站总里程数为 1500km，全程参考价为 180 元.

表 F1-1 是沿途各站至 H 站的里程数.

表 F1-1

车 站 名	A	B	C	D	E	F	G	H
各站至 H 站的里程数/km	1500	1130	910	622	402	219	72	0

例如，要确定从 B 站至 E 站火车票价，其票价为

$$\frac{180 \times (1130 - 402)}{1500} \text{元} = 87.36 \text{元} \approx 87 \text{元}$$

（1）求 A 站至 F 站的火车票价（结果精确到 1 元）；

（2）旅客王大妈乘火车去女儿家，上车过两站后拿着火车票问乘务员：我快到站了吗？乘务员看到王大妈手中票价是 66 元，马上说下一站就到了. 请问王大妈是在哪一站下车的？（要求写出解答过程）

四、某电动机额定功率为 7.5kW，额定电压为 380V，额定电流为 12A，该电动机正常工作时不需要频繁起动. 若用熔断器为该电动机提供短路保护，试确定熔断器的规格. （只要求写出不等式说明取值范围即可）

五、某晶体管的极限参数 $I_{CM} = 20\text{mA}$、$U_{(BR)CEO} = 15\text{V}$、$P_{CM} = 100\text{mW}$，试问在下列条件下，晶体管能否正常工作？（$1\text{A} = 1000\text{mA}$，$1\text{W} = 1000\text{mW}$）

（1）$U_{CE} = 2\text{V}$；$I_C = 40\text{mA}$； （2）$U_{CE} = 6\text{V}$，$I_C = 20\text{mA}$；

（3）$U_{CE} = 3\text{V}$，$I_C = 10\text{mA}$； （4）$U_{CE} = 4\text{V}$，$I_C = 30\text{mA}$.

课题三 平方根、近似计算

一、判断题

1. 5 是 25 的算术平方根. （   ）

2. -6 是 $(-6)^2$ 的算术平方根. （   ）

3. 0 的算术平方根是 0. （   ）

4. 0.01 是 0.1 的算术平方根. （   ）

5. 一个正方形的边长就是这个正方形的面积的算术平方根. （   ）

二、填空题

1. 0 的平方根为_____，它的算术平方根为_____.

2. 16 的平方根为_____，它的算术平方根为_____.

3. 8 的平方根为_____，$-\dfrac{27}{8}$ 的立方根为_____，$\dfrac{25}{16}$ 的平方根为_____.

4. 如果 $x < 0$，且 $x^2 = 9$，则 $x = $ _____.

5. 0.1 的算术平方根为_____，它的平方根为_____.

6. 把"25W220V"的灯泡接在"1000W220V"的发电机上时，灯泡_____（会、不会）烧坏.

三、选择题

1. 9 的平方根与 $\sqrt{4}$ 的积为（   ）.

   A. 6   B. ± 6 C. 18   D. ± 18

2. 25 的算术平方根与 4 的算术平方根的积为（   ）.

   A. 10   B. -10 C. ± 10 D. ± 100

3. 使 $\sqrt{-(x-3)^2}$ 为实数的 x 的值有（   ）.

   A. 1 个   B. 2 个   C. 没有   D. 无数个

4. 近似数有效数字的个数是（   ）.

   A. 从右边第一个不是 0 的数字算起   B. 从左边第一个不是 0 的数字算起

   C. 从小数点后的第一个数字算起   D. 从小数点前的第一个数字算起

5. $-3 - (-3)^2 + 3^3 \div 3 \times \dfrac{1}{3}$ 的计算结果为（   ）.

   A. -9 B. -3 C. 0   D. -15

6. 数 0.07802 四舍五入到万分位后近似值的有效数字是（   ）.

   A. 0078   B. 078   C. 7802   D. 780

7. $1 \times 10^3 \text{k}\Omega$ 的有效数字有（   ）位.

   A. 1   B. 2   C. 3   D. 4

8. R_1、R_2 两个电阻串联接入电路, 若 $R_1 < R_2$, 设两个电阻的功率分别为 P_1、P_2, 则 (   ).

A. $P_1 > P_2$ B. $P_1 < P_2$ C. $P_1 = P_2$ D. 无法确定

四、下面是管理员和参观者在博物馆里进行的一段对话.

管理员: 小姐, 这个化石有 800002 年历史了.

参观者: 你怎么知道得这么精确?

管理员: 两年前, 有个考古学家参观路过这里, 他说这个化石有 80 万年历史了, 现在, 两年过去了, 所以是 800002 年.

管理员的推断对吗? 为什么?

五、一个额定值为 100Ω、25W 的电阻, 允许通过的最大电流是多少? 若把它接到 55V 的电源两端, 能否正常工作?

一、填空题

1. 当 $m > n$ 时，$\sqrt{(n-m)^2} = $ _____.

2. 由四舍五入法取近似值时，3.1515926 精确到百分位的近似值是 _____，精确到千分位的近似值是 _____.

3. 已知数据：①某班有 39 名学生；②光的速度约为 3×10^5 km/s；③一个星期有 7 天；④用刻度尺测得的书本的长度为 20.3 cm；⑤某人的体重约为 58 kg；⑥小明到书店买了 3 本书；⑦"神舟五号"飞船火箭的组合体高达 58.3 m，重达 500 t；⑧中国人口约有 13 亿，国土面积约 960 万 km². 这些数据中，用准确数表示的数据是 _____，用近似数表示的数据是 _____.

二、选择题

1. 张华用最小刻度单位是毫米的直尺测量一本书的长度，他量得的数据是 9.58 cm，其中（   ）.

   A. 9 和 5 是精确的，8 是估计的　　　　B. 9 是精确的，5 和 8 是估计的

   C. 9、5 和 8 都是精确的　　　　　　　　D. 9、5 和 8 都是估计的

2. 下面给出的四个数据中是近似数的有（   ）.

   ① 张明的身高是 160.0 cm；　　　　　　② 一间教室的面积是 30 m²；

   ③ 15 电控（1）班有 48 人；　　　　　　④ 电流表读数为 30 mA.

   A. 1 个　　　　　B. 2 个　　　　　C. 3 个　　　　　D. 4 个

3. 数 0.03601 四舍五入到万分位后的近似数的有效数字是（   ）.

   A. 0036　　　　　B. 036　　　　　C. 0360　　　　　D. 360

4. 由四舍五入得到的近似数 0.600 的有效数字是（   ）.

   A. 1 个　　　　　B. 2 个　　　　　C. 3 个　　　　　D. 4 个

5. 随着数字单位的增加，有效数字的位数将（   ）.

   A. 增加　　　　　B. 减少　　　　　C. 不变　　　　　D. 可能增加也可能减少

6. R_1、R_2 两个电阻并联接入电路，若 $R_1 < R_2$，设两个电阻的功率分别为 P_1、P_2，则（   ）.

   A. $P_1 > P_2$　　　　B. $P_1 < P_2$　　　　C. $P_1 = P_2$　　　　D. 无法确定

7. 甲、乙两只电灯串联接在电源上，设两个电灯的功率分别为 $P_甲$、$P_乙$，且 $P_甲 > P_乙$，则两灯电阻 $R_甲$、$R_乙$ 的关系是（   ）.

   A. $R_甲 < R_乙$　　　　B. $R_甲 > R_乙$　　　　C. $R_甲 = R_乙$　　　　D. 无法确定

三、 一个正方形的面积为 10 cm²，求以这个正方形的边为直径的圆的面积.

四、一个 100Ω、$\frac{1}{4}$ W 的碳膜电阻，使用时允许通过的最大电流是多少？此电阻能否接到 10V 的电压上使用？

五、一个灯泡的灯丝断了，把断了的灯丝搭在一起，灯泡会更亮，原因何在？

课题四　指数及指数应用

一、填空题

1. -1 的偶数次幂等于_____，奇数次幂等于_____.

2. $\left(-\dfrac{3}{5}\right)^{0}=$_____，$0.1^{3}=$_____，$\left(1\dfrac{2}{3}\right)^{-2}=$_____.

3. 用分数指数幂表示下列各式：

(1) $\sqrt{x^{5}}=$_____；　　　　(2) $\sqrt[3]{(a-b)^{2}}=$_____.

4. 单位换算：$1A=$_____$mA=$_____μA，$1F=$_____$\mu F=$_____pF.

5. 纳米是一种长度单位，$1nm=10^{-9}m$. 已知某种植物米粉的直径为 $35000nm$，用科学计数法表示为_____m.

6. 安哥拉长毛兔最细的兔毛直径为 $5\times10^{-6}m$，写成小数形式为_____m.

二、选择题

1. 下列各式计算正确的是（　　）.

A. $\left(a^{2}\right)^{4}=a^{6}$ 　　B. $3x^{-2}=\dfrac{1}{3x^{2}}$ 　　C. $3x^{2}\cdot2x^{3}=6x^{6}$ 　　D. $\dfrac{x^{8}}{x^{2}}=x^{6}$

2. 将一根长 l、阻值为 R 的导线对折 3 次后，合并成一根导线，长度为（　　），阻值变为（　　）.

A. $\dfrac{l}{8}$，$\dfrac{R}{64}$ 　　B. $2^{-3}l$，$64R$ 　　C. $\dfrac{l}{3}$，$3R$ 　　D. $\dfrac{l}{4}$，$\dfrac{R}{4}$

3. 一根导体电阻为 R，若将其从中间对折合并成一根新导线，其阻值为（　　）.

A. $\dfrac{R}{2}$ 　　B. R 　　C. $\dfrac{R}{4}$ 　　D. $\dfrac{R}{8}$

4. 下列式子正确的是（　　）.

A. $\underbrace{2\times2\times2\times\cdots\times2}_{n\text{个}}=2^{n}$ 　　B. $\underbrace{2+2+2+\cdots+2}_{n\text{个}}=2^{n}$

C. $\underbrace{2\times2\times2\times\cdots\times2}_{n\text{个}}=2n$ 　　D. $\left(2^{m}\right)^{n}=2^{m+n}$

三、求值

1. $8^{\frac{2}{3}}$；

2. $1000^{-\frac{1}{3}}$;

3. $\left(\dfrac{16}{81}\right)^{-\frac{1}{4}}$.

闯关练习

一、填空题

1. 用分数指数幂表示下列各式：

(1) $\sqrt{p^6 q^4} = $ _____;   (2) $\dfrac{\sqrt{x}}{x} = $ _____.

2. 若 $\sqrt{4a^2 - 4a + 1} = 1 - 2a$，则实数 a 的取值范围是 _____.

3. 单位换算：$1.5 \times 10^4 \text{V} = $ _____ kV；$2.7\text{M}\Omega = $ _____ Ω；

$500\text{mA} = $ _____ A $= $ _____ μA.

4. 一个氧原子的质量约为 2.657×10^{-23} g，一个氢原子的质量约为 1.674×10^{-24} g，一个氧原子的质量是一个氢原子质量的 _____ 倍.

5. 城市交叉路口通常都装有红、黄、绿三色灯来指挥车辆、行人通行，若每只灯规格都是"220V200W"，则每组交通指挥灯（含红、黄、绿三种颜色灯）工作 15h 要消耗电能 _____ kW·h.

二、选择题

1. 下列各式计算正确的是（   ）.

A. $\left(a^5\right)^2 = a^7$ B. $2x^{-2} = \dfrac{1}{2x^2}$

C. $3a^2 \cdot 2a^3 = 6a^6$ D. $a^8 \div a^2 = a^6$

2. 一张报纸，厚度为 a，面积为 b，现在将报纸对折 7 次，这时报纸的厚度和面积分别为（   ）.

A. $8a$，$\dfrac{b}{8}$ B. $64a$，$\dfrac{b}{64}$ C. $128a$，$\dfrac{b}{128}$ D. $256a$，$\dfrac{b}{256}$

3. 若 $3^{2x} + 9 = 10 \cdot 3^x$，那么 $x^2 + 1$ 的值为（   ）.

A. 1   B. 2   C. 5   D. 1 或 5

4. 下列说法中正确的是（   ）.

A. $\sqrt[3]{-27} = 3$ B. 16 的 4 次方根是 ± 2

C. $\sqrt[4]{81} = 3$ D. $\sqrt{(x+y)^2} = |x+y|$

5. $27.5 \times 10^5 \Omega$ 应记作（   ）$\text{M}\Omega$.

A. 27.5   B. 275   C. 27×10^2 D. 2.75

三、求值

1. $(125)^{\frac{1}{3}}$；

2. $\left(\dfrac{81}{25}\right)^{-\frac{1}{4}}$；

3. $(0.00001)^{\frac{2}{5}}$.

四、用科学计数法表示下列各数.

1. 北京故宫的占地面积为 72 万 m^2.

2. 人体中约有 20 万亿个红细胞.

3. 电动机的绝缘电阻为 500000000Ω.

4. 天安门广场的面积大约为 44 万 m^2.

5. 人类观测的宇宙深度大约是 15000000000 光年.

五、已知某两星球间的距离是 $d_1 = 3.12 \times 10^{34}$ km，某两分子间的距离是 $d_2 = 3.12 \times 10^{-32}$ m，请问两星球间距离是两分子间距离的多少倍？

课题五　对数及对数应用

一、填空题

1. $2^3 = 8$ 的对数形式为＿＿＿＿＿＿＿，$\log_{(1-a)}(1+a) = C$ 的指数形式为＿＿＿＿＿＿

＿＿＿＿＿＿；$27^{-\frac{1}{3}} = \frac{1}{3}$ 的对数形式为＿＿＿＿＿＿＿，$\log_2 \frac{1}{4} = -2$ 的指数形式为

＿＿＿＿＿＿．

2. 求下列各式中的值.

(1) $\log_6 x = 0$，则 $x = $＿＿＿＿＿＿；

(2) $\log_5 x = 1$，则 $x = $＿＿＿＿＿＿；

(3) $\log_6 x = 2$，则 $x = $＿＿＿＿＿＿；

(4) $\log_x 3 = -1$，则 $x = $＿＿＿＿＿＿．

3. 求值

$\log_{2006} 1 = $＿＿＿＿＿＿；$2^{\log_2 7} = $＿＿＿＿＿＿；$\log_{\sqrt{3}} \sqrt{3} = $＿＿＿＿＿＿．

二、选择题

1. 若 $y = x^2$（$x > 0$ 且 $x \neq 1$），则（　　）.

A. $\log_2 y = x$　　　B. $\log_2 x = y$　　　C. $\log_x y = 2$　　　D. $\log_y x = 2$

2. 若 $\log_a \sqrt{b} = c$，则 a，b，c 之间满足（　　）.

A. $b^2 = a^c$　　　B. $b = a^{2c}$　　　C. $b = 2a^c$　　　D. $b = c^{2a}$

3. $\log_5 b = 2$ 化为指数式是（　　）.

A. $5^b = 2$　　　B. $b^5 = 2$　　　C. $5^2 = b$　　　D. $b^2 = 5$

4. pH 就是酸碱值，用来表示液体为酸性或碱性的一个量，它和水中所含的氢离子浓度有关，$pH = -\lg[H^+]$，用氢离子浓度的对数表示，即 pH 相差 1 其强度就差 10 倍，如 pH3 就比 pH4 酸性强了 10 倍. 试分析图 F1-6，电池酸液的酸性比醋的酸性大约强（　　）倍.

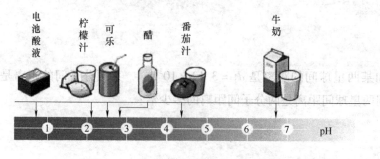

图　F1-6

A. 3　　　　　　　　B. 30　　　　　　　　C. 100　　　　　　　　D. 1000

三、求值

1. $\log_6 36$；

2. $\log_2 \dfrac{1}{8}$；

3. $\log_{0.1} 0.001$；

4. $\log_{\sqrt{2}} 2$；

5. $\log_2 (\log_2 16)$.

四、有一台收音机，其各级功率增益分别为：天线输入级 -3dB、变频级 20dB、第一中放级 30dB、第二中放级 35dB、检波级 10dB、末前级 40dB、功放级 20dB，求收音机的总功率增益.

五、某电子设备输入电压为 0.1V，输出电压为 1V，求电压增益.

一、填空题

1. $\log_6 x = -1$，则 $x = $ _____.

2. $\log_5(x+1) = 1$，则 $x = $ _____.

3. 庄子："一尺之棰，日取其半，万世不竭"．取 5 次，还有 _____；取 _____ 次，还有 0.125 尺．

二、选择题

1. 已知 $\lg 2 = a$，$\lg 3 = b$，则 $\log_3 6$ 等于（　　）．

A. $\dfrac{a+b}{a}$　　　　　　　　　B. $\dfrac{a+b}{b}$

C. $\dfrac{a}{a+b}$　　　　　　　　　D. $\dfrac{b}{a+b}$

2. 设 $\lg x = a$，$\lg y = b$，则 $\lg \dfrac{x}{y^2}$ 等于（　　）．

A. $a - 2b$　　　　　　　　　B. $2a - b$

C. $a + 2b$　　　　　　　　　D. $a - b$

三、 某电子设备输入电压为 0.1V，输出电压为 10mV，求出电压增益，并说明此设备工作状态．

四、 有一台 40dB 电压放大器，当输入电压是 20mV 时，求输出电压．

五、 图 F1-7 所示为某电视机电路框图，根据图中数据求：

1. 高频头、伴音中放的输出电压 u_{01}、u_{05}；

2. 中放、混频、预视放、鉴频器、低放的电压增益 A_{u2}、A_{u3}、A_{u4}、A_{u6}、A_{u7}（1mV = 1000μV），并求出整机的电压增益 $A_u = 20\lg \dfrac{u_{07}}{u_i}$．

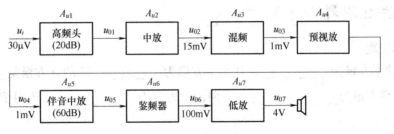

图 F1-7

一、填空题

1. 16 的平方根为 _____，算术平方根为 _____；27 的立方根是 _____；$\sqrt{81}$ 的算术平方根为 _____；$-\sqrt{64}$ 的立方根为 _____；绝对值最小的实数是 _____.

2. 某个数的立方根等于这个数本身，这个数是 _____.

3. 某数的平方根是 $2a-3$ 和 $3a-2$，则这个数是 _____.

4. 已知正方形的面积为 a，则其周长是 _____.

5. 3，$\sqrt[3]{-8}$，0，$\sqrt{27}$，$\dfrac{\pi}{3}$，0.5，3.14159，-0.020020002，$\cdots$，$-0.12121121112\cdots$

有理数集合为 $\{$ _____ $\}$；

无理数集合为 $\{$ _____ $\}$；

正实数集合为 $\{$ _____ $\}$；

负实数集合为 $\{$ _____ $\}$.

二、选择题

1. 若 $\sqrt{x}>x$，则实数 x 是（　　）.

A. 负实数   B. 所有正实数

C. 大于零小于 1 的实数   D. 不存在

2. 下列各数中，没有平方根的是（　　）.

A. 2 B. $(-2)^2$ C. -2^2 D. 2^{-2}

3. $\log_2 8 \times 16^{\frac{1}{2}}$ 等于（　　）.

A. -1 B. -4 C. 5 D. 2

4. 对于函数 $y=\left(\dfrac{1}{3}\right)^x$，当 $x\geqslant 0$ 时，y 的取值范围是（　　）.

A. $y\leqslant 1$ B. $0\leqslant y\leqslant 1$ C. $y\leqslant 3$ D. $0<y\leqslant 3$

5. 已知：$2\log_6 x=1-\log_6 3$，则 x 的值是（　　）.

A. $\sqrt{3}$ B. $\sqrt{2}$ C. $\sqrt{2}$ 或 $-\sqrt{2}$ D. $\sqrt{3}$ 或 $\sqrt{2}$

6. 已知：$2\lg(x-2y)=\lg x+\lg y$，则 $\dfrac{x}{y}$ 的值是（　　）.

A. 1 B. 4 C. 1 或 4 D. 4 或 $\dfrac{1}{4}$

7. 若 $a>0$，则函数 $y=a^{x-1}+1$ 的图像经过点（　　）.

A. $(1,2)$ B. $(2,1)$ C. $\left(0,1+\dfrac{1}{a}\right)$ D. $(2,1+a)$

8. 下列各项中，不表示同一函数的是（　　）.

A. $y=\lg x^2$ 与 $y=2\lg|x|$ B. $y=x$ 与 $y=\log_2 2^x$

C. $y = \sqrt{x^2}$ 与 $y = |x|$ D. $y = 2^{\log_2 x}$ 与 $y = \log_2 2^x$

9. 已知函数 $y = \log_{\frac{1}{2}}(ax^2 + 2x + 1)$ 的值域为 **R**，则实数 a 的取值范围是（   ）．

A. $a > 1$ B. $0 \leqslant a < 1$ C. $0 < a < 1$ D. $0 \leqslant a \leqslant 1$

10. 已知：$\log_7 2 = p$，$\log_7 5 = q$，则 $\lg 5$ 用 p，q 表示为（   ）．

A. pq B. $\dfrac{q}{p+q}$ C. $\dfrac{1+pq}{p+q}$ D. $\dfrac{pq}{p+q}$

三、计算

1. （1）$\log_2 6 - \log_2 3$ （2）$\lg 5 + \lg 2$

（3）$\log_5 7 + \log_2 \dfrac{5}{7}$ （4）$\log_2 (4^5 \times 2^3)$

2. 已知：$a + a^{-1} = 7$，求下列各式的值：

（1）$a^{\frac{1}{2}} + a^{-\frac{1}{2}}$；   （2）$a^2 + a^{-2}$；

（3）$a^3 + a^{-3}$；   （4）$a - a^{-1}$．

模块二 式与方程（组）

课题一 代数式及其应用

● 课堂练习

一、填空题

1. 用 A 表示一个多项式，若 $A(x^2 + xy + y^2) = x^3 - y^3$，则 $A = $ _____.

2. 当 $x = $ _____ 时，分式 $\dfrac{x+1}{5-2x}$ 没有意义.

3. 当 $x = $ _____ 时，分式 $\dfrac{x^2 - x - 6}{|x-1| - 2}$ 的值为 0.

4. 如果 $|-x| = |-5|$，则 $x = $ _____.

5. 已知：当 $x = 5$ 时，分式 $\dfrac{2x+k}{3x-2}$ 的值等于 0，则 $k = $ _____.

6. 把甲、乙两种饮料按质量比 $x : y$ 混在一起，可以调制成一种混合饮料. 调制 1kg 这种混合饮料需要 _____ 甲种饮料.

7. 把 3 个大小一样的苹果分给 4 个小朋友，每位小朋友能分到 _____ 个苹果，说出你的办法：_____
_____.

8. 当用电器的额定电压高于单个电池的电动势时，可以用串联电池组供电，但用电器的额定电流必须 _____（填"大于"或"小于"）单个电池允许的最大电流；当用电器的额定电流比单个电池通过的最大电流大时，可采用并联电池组供电，但这时用电器的额定电压必须 _____（填"大于"或"小于"）单个电池的电动势.

二、选择题

1. 含有因式 $(x-3)$ 的多项式是（ ）.

A. $x - 3 + y$ B. $x^2 - 3$ C. $x^2 - 3x$ D. $x^2 + 3$

2. $(-3a^2 b)^3$ 的计算结果为（ ）.

A. $9a^2 b$ B. $9a^6 b^2$ C. $27a^6 b^3$ D. $-27a^6 b^3$

3. 已知：$a < b < 0$，那么（ ）.

A. $a^2 < b^2$ B. $\dfrac{a}{b} < 1$ C. $|a| < |b|$ D. $a^3 < b^3$

4. 当 $x = -1$ 时，下列分式没有意义的是（　　）.

A. $\dfrac{x+1}{x}$ B. $\dfrac{x}{x-1}$ C. $\dfrac{2x}{x+1}$ D. $\dfrac{x-1}{x}$

三、化简

1. $\left(a + \dfrac{b}{3}\right)\left(a^2 - \dfrac{1}{3}ab + \dfrac{1}{9}b^2\right)$；

2. $(2x + 3y)(a - b) - 2(a - b)(x + y)$.

四、把下列各式因式分解

1. $axz - 3byz - 3ayz + bxz$；

2. $2x(2x - y)^2 - y(y - 2x)^2$；

3. $x^2 - x - 30$.

五、总长均为 10km 的两条路，第一条为平路，第二条由 4km 的上坡路和 6km 的下坡路组成，在平路上行进速度为 $2v$ km/h，上坡速度为 v km/h，下坡速度为 $3v$ km/h，问：走哪条路花费时间较长？

六、A、B 两家公司都准备向社会招聘人才，两公司招聘条件基本相同，只有工资待遇有如下差异：A 公司，年薪 10000 元，每年加工龄工资 200 元；B 公司，半年薪 5000 元，每半年加工龄工资 50 元. 从经济收入的角度考虑，选择哪家公司更有利？

一、填空题

1. 若 $x + \dfrac{1}{x} = 2\sqrt{5}$，则 $x - \dfrac{1}{x} = $ _____.

2. 当 x _____ 时，$\dfrac{x+2}{|2x|-6}$ 有意义；当 $x = $ _____ 时，分式 $\dfrac{x+2}{|2x|-6}$ 的值为 0.

3. 为了调查珍稀动物资源，动物专家在 p m² 的保护区内找到 7 只灰熊，那么该保护区每平方米有 _____ 只灰熊.

4. 一件商品售价 x 元，利润率为 $a\%$（$a > 0$），则这种商品每件的成本是 _____ 元.

5. 有两个电阻，已知 $R_1 : R_2 = 1 : 4$，若把它们并联在电路中，则电阻上的电压之比 $U_{R1} : U_{R2} = $ _____ ；电阻上的电流之比 $I_{R1} : I_{R2} = $ _____ ；它们消耗的功率之比 $P_{R1} : P_{R2} = $ _____.

二、选择题

1. 若分式 $\dfrac{x^2}{x+7}$ 的值为零，则 x 等于（   ）.

A. 7   B. -7 C. 0   D. 49

2. 已知：$x = \dfrac{1}{y}$，x 和 y 为非零有理数，那么 $\left(x - \dfrac{1}{x}\right) \cdot \left(y + \dfrac{1}{y}\right)$ 等于（   ）.

A. $x^2 + y^2$ B. $x^2 - y^2$ C. $2x$ D. $2y$

3. 若分式 $\dfrac{x^2 + y^2}{xy}$ 中 x 和 y 的值都增加到原来的 3 倍，则分式的值（   ）.

A. 不变   B. 是原来的 3 倍   C. 是原来的 $\dfrac{1}{3}$ D. 是原来的 $\dfrac{1}{9}$

4. 下列说法中正确的有（   ）.

A. 如果 A、B 是整式，那么 $\dfrac{A}{B}$ 就叫作分式

B. 分式都是有理式，有理式都是分式

C. 只要分式的分子为零，分式的值就为零

D. 只要分式的分母为零，分式就无意义

三、图 F2-1 所示是用棋子摆成的"小房子".

摆第 1 个"小房子"需要 5 枚棋子，摆第 2 个需要 _____ 枚棋子，摆第 3 个需要 _____ 枚棋子.

照这样的方式继续摆下去，问：

1. 摆第 10 个这样的"小房子"需要多少枚棋子？

2. 摆第 n 个这样的"小房子"需要多少枚棋子？

你是怎样得到的？你能用不同的方法解决这个问题吗？

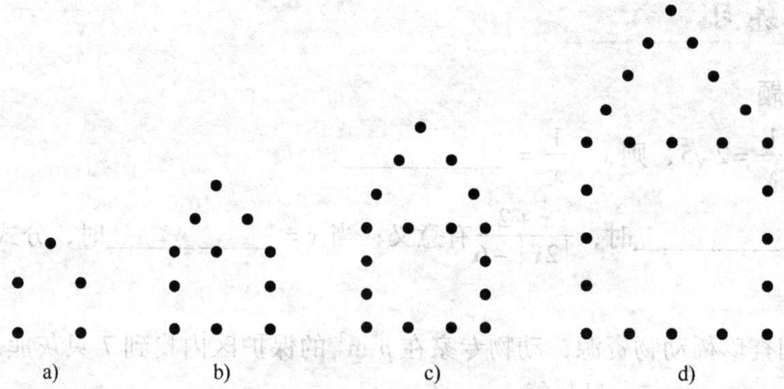

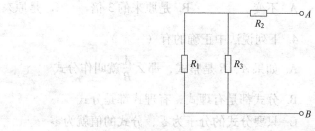

图 F2-1

a)　　　　　b)　　　　　c)　　　　　d)

四、 $x^4 - 11x^2 + 18$．（分别在有理数和实数范围内分解因式）

五、 如图 F2-2 所示，已知 $R_1 = 6\Omega$，$R_2 = 10\Omega$，$R_3 = 4\Omega$．计算混联电路总电阻（即等效电阻）．

图　F2-2

六、 试根据实例 4 的方法推算 n 级电压放大器的总电压放大倍数．

课题二 二（三）元一次方程组及其应用

一、填空题

1. $|x-3|=2$，则 $x=$ _____.

2. 将 $x-y-6=0$ 改写为用含 x 的式子表示 y 的形式为 _____，用含 y 的式子表示 x 的形式为 _____.

3. 二元一次方程组 $\begin{cases} x-y=0 \\ 2x+3y=0 \end{cases}$ 的解为 _____.

二、选择题

1. 下列方程中，是二元一次方程的是 （　　）.

A. $3x-2y=42$　　　B. $6xy+9=0$　　　C. $\dfrac{1}{x}-4y=6$　　　D. $4x=\dfrac{y-2}{4}$

2. 下列方程组中，是二元一次方程组的是 （　　）.

A. $\begin{cases} x+y=4 \\ 2x+3y=7 \end{cases}$　　B. $\begin{cases} 2a-3b=11 \\ 5b-4c=6 \end{cases}$　　C. $\begin{cases} x^2=9 \\ 2x+3y=7 \end{cases}$　　D. $\begin{cases} x+y=8 \\ x^2-y=4 \end{cases}$

3. 方程 $y=1-x$ 与 $3x+2y=5$ 的公共解是 （　　）.

A. $\begin{cases} x=3 \\ y=2 \end{cases}$　　　B. $\begin{cases} x=-3 \\ y=4 \end{cases}$　　　C. $\begin{cases} x=3 \\ y=-2 \end{cases}$　　　D. $\begin{cases} x=-3 \\ y=-2 \end{cases}$

4. 某年级学生共有 246 人，其中男生人数比女生人数的 2 倍少 2 人，则下面所列的方程组中，符合题意的有 （　　）.

A. $\begin{cases} x+y=246 \\ 2y=x-2 \end{cases}$　　B. $\begin{cases} x+y=246 \\ 2x=y+2 \end{cases}$　　C. $\begin{cases} x+y=246 \\ y=2x+2 \end{cases}$　　D. $\begin{cases} x+y=246 \\ 2y=x+2 \end{cases}$

5. 三元一次方程组 $\begin{cases} x+y=1 \\ y+z=5 \\ z+x=6 \end{cases}$ 的解是 （　　）.

A. $\begin{cases} x=1 \\ y=0 \\ z=5 \end{cases}$　　B. $\begin{cases} x=1 \\ y=2 \\ z=4 \end{cases}$　　C. $\begin{cases} x=1 \\ y=0 \\ z=4 \end{cases}$　　D. $\begin{cases} x=4 \\ y=1 \\ z=0 \end{cases}$

三、计算题

$\begin{cases} 2x+y=11 \\ 4x-y=7 \end{cases}$.

四、体育节要到了，篮球是初一（1）班的拳头项目. 为了取得好名次，他们想在全部 22 场比赛中得到 40 分. 已知每场比赛都要分出胜负，胜队得 2 分，负队得 1 分. 那么初一（1）班应该胜、负各几场？

五、《一千零一夜》中有这样一段文字：有一群鸽子，其中一部分在树上欢歌，另一部分在地上觅食. 树上的一只鸽子对地上觅食的鸽子说："若从你们中飞上来一只，则树下的鸽子就是整个鸽群的 1/3；若从树上飞下去一只，则树上、树下的鸽子就一样多了." 你知道树上、树下各有多少只鸽子吗？

一、填空题

1. 若 $x^{3m} - 2y^{n-1} = 5$ 是二元一次方程，则 $m = $ _____，$n = $ _____.

2. 已知：$\begin{cases} x = 2 \\ y = -1 \end{cases}$ 是方程组 $\begin{cases} mx - y = 3 \\ x - ny = 6 \end{cases}$ 的解，则 $m = $ _____，$n = $ _____.

3. 如果 $\begin{cases} x = 0 \\ y = -2 \end{cases}$ 和 $\begin{cases} x = 4 \\ y = 1 \end{cases}$ 都是方程 $ax + by = 8$ 的解，则 $a = $ _____，$b = $ _____.

4. 在某商场购买一批商品，在打折前，买 60 件 A 商品和 30 件 B 商品用了 1080 元，买 50 件 A 商品和 10 件 B 商品用了 840 元，打折后，买 500 件 A 商品和 500 件 B 商品用了 8200 元，比不打折少花_____元.

5. 对于 $x + 2y = 5$，用含 y 的式子表示 x 为_____，用含 x 的式子表示 y 为_____；取一个你自己喜欢的数值 $x = $_____时，$y = $_____；在自然数范围内方程的解是_____.

二、选择题

1. 如果 $x + y = 1$，$y + z = 2$，$z + x = 3$，则 y 的值为（   ）.

A. 1　　　　　B. -1　　　　　C. 0　　　　　D. 3

2. 已知 $2x - y$ 与 $x + y$ 之比等于 $\dfrac{2}{3}$，则 $\dfrac{x}{y}$ 为（   ）.

A. 1　　　　B. $\dfrac{6}{5}$　　　　C. $\dfrac{4}{5}$　　　　D. $\dfrac{5}{4}$

3. 关于 x、y 的方程 $ax^2 + bx + 2y = 3$ 是一个二元一次方程，则 a、b 的值为（   ）.

A. $a = 0$ 且 $b = 0$　　B. $a = 0$ 或 $b = 0$　　C. $a = 0$ 且 $b \neq 0$　　D. $a \neq 0$ 且 $b \neq 0$

三、计算题

$\begin{cases} x - 2y + z = 0 \\ 3x + y - 2z = 0 \\ 7x + 6y - 7z = 10 \end{cases}$.

四、

将若干只鸡放入若干笼中，若每个笼中放 4 只，则有一鸡无笼可放；若每个笼里放 5 只，则有一笼无鸡可放，问有多少只鸡，多少个笼？

一、填空题

1. 单项式是由_____与_____的积组成的代数式，单独的一个_____或_____也是单项式.

2. 如果一个两位数，十位上数字为 x，个位上数字为 y，则这个两位数为_____.

3. 某公司职员，月工资 a 元，增加 10% 后达到_____元.

4. 多项式 $-2a^2b^3 + 5a^2b^2 - 4ab - 2$ 共有_____项，多项式的次数是_____，第三项是_____，它的系数是_____，次数是_____.

5. 同类项定义：①所含字母_____，②相同字母的_____也相同.

6. 已知 $x^m y^2$ 与 $-3x^3 y^n$ 是同类项，则 $m =$ _____，$n =$ _____.

7. 已知 $\begin{cases} x = 5t + 4 \\ y = t + 2 \end{cases}$，若用含 x 的一次式表示，则 $y =$ _____.

8. 方程组 $\begin{cases} x + 2y + z = 7 \\ 2x - y + 3z = 7 \\ 3x + y + 2z = 18 \end{cases}$，若先消 x，得到的二元一次方程组是_____；

若先消 y，得到的方程组是_____；若先消 z，得到的二元一次方程组是_____. 因此，比较简单的方法是先消去_____.

二、选择题

1. 制造一种产品，原来每件成本 a 元，先提价 5%，后降价 5%，则此时该产品的成本价为（ ）.

A. 不变　　　　B. $a(1 + 5\%)^2$　　　C. $a(1 + 5\%)(1 - 5\%)$　　　D. $a(1 - 5\%)^2$

2. 单项式 $-a^2b^3c$（ ）.

A. 系数是 0，次数是 6　　　　　　　　B. 系数是 1，次数是 5

C. 系数是 -1，次数是 6　　　　　　　D. 系数是 -1，次数是 3

3. 某瓶中装有 1 分、2 分、5 分硬币，15 枚硬币共 3 角 5 分，则有装法种数为（ ）.

A. 1　　　　　　B. 2　　　　　　C. 3　　　　　　D. 4

4. 任何一个二元一次方程都有（ ）.

A. 一个解　　　　B. 两个解　　　　C. 三个解　　　　D. 无数多个解

5. 一个两位数，它的个位数字与十位数字之和为 6，那么符合条件的两位数的个数有（ ）.

A. 5 个　　　　　B. 6 个　　　　　C. 7 个　　　　　D. 8 个

三、因式分解

1. $3a^3 - 6a^2b + 3ab^2$；

2. $a^2(x-y)+16(y-x)$；

3. $4+12(x-y)+9(x-y)^2$；

4. $2x^2+8x+8$.

四、解方程组

1. $\begin{cases} \dfrac{x+1}{3}=2y \\ 2(x+1)-y=11 \end{cases}$；

2. $\begin{cases} 2x+3y+z=8 \\ x-y+z=-1. \\ x+2y-z=5 \end{cases}$

五、有一个三位数，个位数字是百位数字的 3 倍，十位数字比百位数字大 5，若将此数的个位数与百位数互相对调，所得新数比原数的 2 倍多 35，求原数.

六、今有上等谷子 3 捆，中等谷子 2 捆，下等谷子 1 捆，共得谷子 39 斗. 如果有上等谷子 2 捆，中等谷子 3 捆，下等谷子 1 捆，共得谷子 36 斗. 若上等谷子 1 捆，中等谷子 2 捆，下等谷子 3 捆，共得谷子 33 斗，求上、中、下三等谷子一捆各多少斗？

七、在解方程组 $\begin{cases} ax + 5y = 10 \\ 4x - by = -4 \end{cases}$ 时，由于粗心，甲看错了方程组中的 a，而得解为 $\begin{cases} x = -3 \\ y = -1 \end{cases}$，乙看错了方程组中的 b，而得解为 $\begin{cases} x = 5 \\ y = 4 \end{cases}$.

1. 甲把 a 看成了什么？乙把 b 看成了什么？

2. 求出原方程组的正确解.

模块三 函数及函数图像

课题一 认识函数

课堂练习

一、填空题

1. 在函数 $y = f(x)$ 中，_____叫作自变量，_____叫作_____的函数.

2. 已知函数 $y = x - 1$，且 $x \in [-1, 2]$，则函数 $y = x - 1$ 的值域是_____.

3. 设函数 $f(x) = \begin{cases} x^2 + 2 & (x \leq 2) \\ 2x & (x > 2) \end{cases}$，则 $f(-4) = $ _____；若 $f(x_0) = 8$，则 $x_0 = $ _____.

4. 函数 $y = \sqrt{x + 2} + \sqrt{3 - x}$ 的定义域为_____，函数 $y = \log_{0.3}(x - 1)$ 的定义域为_____.

二、选择题

1. 下列函数中与 $y = 3x$ 表示同一个函数的是（   ）.

A. $y = 3|x|$ 　　　B. $y = \sqrt{(3x)^2}$ 　　　C. $y = \dfrac{3x^2}{x}$ 　　　D. $s = 3t$

2. 函数 $y = \sqrt{1 - x^2} + \sqrt{x^2 - 1}$ 的定义域是（   ）.

A. $[-1, 1]$ 　　　　　　　　　　　B. $(-\infty, -1] \cup [1, +\infty)$

C. $[0, 1]$ 　　　　　　　　　　　D. $\{-1, 1\}$

3. 函数 $f(x) = \sqrt{2x - 1}$，$x \in \{1, 2, 3\}$，则 $f(x)$ 的值域是（   ）.

A. $[0, +\infty)$ 　　　　　　　　　B. $[1, +\infty)$

C. $\{1, \sqrt{3}, \sqrt{5}\}$ 　　　　　　　D. **R**

4. 一个面积为 $100\,\mathrm{cm}^2$ 的等腰梯形，上底长为 $x\ \mathrm{cm}$，下底长为上底长的 3 倍，则把它的高 y 表示成 x 的函数为（   ）.

A. $y = 50x\ (x > 0)$ 　　　　　　　B. $y = 100x\ (x > 0)$

C. $y = \dfrac{50}{x}\ (x > 0)$ 　　　　　　D. $y = \dfrac{100}{x}\ (x > 0)$

5. "龟兔赛跑" 讲述了这样的故事: 领先的兔子看着缓慢爬行的乌龟, 骄傲起来, 睡了一觉, 当它醒来时, 发现乌龟快到终点了, 于是急忙追赶, 但为时已晚, 乌龟先到达终点. 用 s_1, s_2 分别表示乌龟和兔子所行的路程, t 为时间, 则图 F3-1 所示的图像中与故事相吻合的是 (　　).

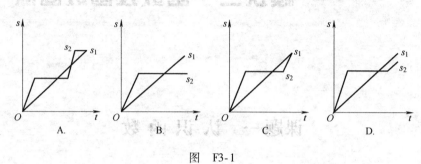

图　F3-1

三、求函数的定义域

1. $y = \dfrac{x+1}{x^2-9}$;

2. $y = \dfrac{1}{\sqrt{x^2-2x-3}}$.

四、表 F3-1 是某单位 5 名职工的工资表, 现该单位要进行医疗制度改革, 规定按职工应发工资的 3% 缴纳医疗保险金 (简称 "医保金").

1. 请在表 F3-1 中填写 "应发工资" "医保金" "实发工资" 三栏内的数据 (基础工资 + 职务工资 = 应发工资, 应发工资 - 公积金 - 医保金 = 实发工资).

2. 表中可以建立几个函数? 它们的定义域、值域各是什么?

表　F3-1

编号	基础工资	职务工资	应发工资	公积金	医保金	实发工资
1	499	310		88		
2	504	315		92		
3	615	350		102		
4	650	380		108		
5	680	420		120		

五、某商店规定：某种商品一次性购买 10kg 以下按零售价格 50 元/kg 销售；若一次性购买量满 10kg，可打 9 折；若一次性购买量满 20kg，可按 40 元/kg 的更优惠价格供货.

1. 试写出支付金额 y（元）与购买量 x(kg) 之间的函数关系式；

2. 分别求出购买 15kg 和 25kg 应支付的金额.

一、填空题

1. 若 $f(x) = x^2 - ax + b$，$f(1) = -1$，$f(2) = 2$，则 $a =$ _____；$b =$ _____；$f(-4) =$ _____.

2. 函数 $f(x) = \begin{cases} 2x + 2, & x \in (0, +\infty) \\ -x + 3, & x \in (-\infty, 0] \end{cases}$，则 $f(-3) =$ _____，$f(5) =$ _____.

3. 函数 $y = \dfrac{1}{x-1}$ 的定义域用区间可表示为 _____.

4. 函数 $y = \sqrt{1 - x^2} + \sqrt{x^2 - 1}$ 的定义域是 _____.

二、选择题

1. 函数 $f(x) = \dfrac{1}{1-x} + \lg(1+x)$ 的定义域是（　　　）.

A. $(-\infty, 1)$　　　　　　　　　B. $(1, +\infty)$

C. $(-1, 1) \cup (1, +\infty)$　　　　D. $(-\infty, +\infty)$

2. 下列函数中与 $y = x(x \geqslant 0)$ 有相同图像的是（　　　）.

A. $y = \sqrt{x^2}$　　　　　　　　　B. $y = (\sqrt{x})^2$

C. $y = \sqrt[3]{x^3}$　　　　　　　　D. $y = \dfrac{x^2}{x}$

3. 已知函数 $f(x) = \begin{cases} x - 2, & x \geqslant 0 \\ x + 5, & x < -0 \end{cases}$，则 $f(-1)$ 等于（　　　）.

A. 4　　　　　　　　　　　　　B. -3

C. -2 或 -3　　　　　　　　D. 4 或 -3

三、求下列函数的定义域

1. $y = \dfrac{\sqrt{4 - x^2}}{x - 1}$；

2. $y = \sqrt{|x+1| - 2}$.

四、等腰 $\triangle ABC$ 的周长为 10cm，底边 BC 的长为 y cm，腰 AB 的长为 x cm.

1. 写出关于 x 的函数关系式；

2. 求 x 的取值范围、y 的取值范围.

五、某市出租车的费用计算方法为：3km 之内为起步价 10 元，超过 3km 时，超出部分按 1.8 元/km 计. 试写出车费 $f(x)$ 与路程 x 的函数解析式，并计算某人打车走了 8km，需付车费多少？

六、图 F3-2 所示是某种品牌的自动加热饮水机在不放水的情况下，内胆水温实测图（室温 20℃）. 根据图像回答：

1. 水温从 20℃ 升到多少时，该机停止加热？这段时间多长？

2. 该机在水温降至多少时，会自动加热？从最高温度降至该温度需多长时间？

3. 再次加热至最高温度，需用多长时间？

4. 何时应切断电源？

5. 根据本题，你认为如何使饮水机在方便使用的同时又节约能源？

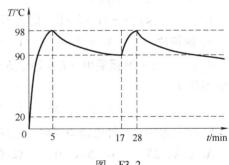

图　F3-2

课题二　正比例函数、一次函数

课堂练习

一、填空题

1. 形如＿＿＿＿＿＿＿＿＿＿＿＿＿＿的函数叫作正比例函数.

2. 已知点 $A(2, 4)$ 在正比例函数的图像上，这个正比例函数的解析式是＿＿＿＿＿＿.

3. 若 $y = kx + b$ 在实数集 **R** 上为减函数，则 k 满足条件＿＿＿＿＿＿＿＿＿，b 满足条件＿＿＿＿＿＿.

4. 正比例函数 $y = kx$（k 为常数，$k < 0$）的图像经过第＿＿＿＿＿象限，函数值随自变量的增大而＿＿＿＿＿.

二、选择题

1. 下列函数是正比例函数的是（　　）.

A. $y = \dfrac{3}{5}x$　　　B. $y = \dfrac{3}{5x}$　　　C. $y = 5x - 3$　　　D. $y = 6x^2 - 2x - 1$

2. 一次函数 $y = x + 1$ 的图像在（　　）.

A. 第一、二、三象限　　　　B. 第一、三、四象限

C. 第一、二、四象限　　　　D. 第二、三、四象限

3. 正比例函数 $y = kx$（$k \neq 0$）的表示方法为（　　）.

A. 解析法　　　B. 列举法　　　C. 图像法　　　D. 以上都不对

4. 在 $U = E - IR$ 函数中（$E = 2V$，$R = 0.1\Omega$），当外电路断路时电路中的电流和端电压分别是（　　）.

A. 0，2V　　　B. 20A，2V　　　C. 20A，0　　　D. 0，0

5. 在上题中，当外电路短路时，电路中的电流和端电压分别是（　　）.

A. 20A，2V　　　B. 20A，0　　　C. 0，2V　　　D. 0，0

三、已知一个正比例函数和一个一次函数的图像相交于点 $A(1, 4)$，且一次函数的图像与 x 轴交于点 $B(3, 0)$.

1. 求这两个函数的解析式；

2. 画出这两个函数的图像.

四、某市自来水公司每月只给某单位计划内用水 3000t，计划内用水每吨收取 3.8 元，超计划部分每吨按 4.5 元收费.

1. 写出水费 y（元）与每月用水量 x（t）之间的函数关系式；

2. 当用水量小于等于 3000t 时，水费是_____；

3. 当用水量大于 3000t 时，水费是_____.

一、填空题

1. 已知正比例函数 $y = (1-2a)x$，如果 y 随 x 的值增大而减小，那么 a 的取值范围是_____.

2. 若汽车以 60km/h 的速度匀速行驶，则路程 $s(\text{km})$ 与时间 $t(\text{h})$ 之间的函数关系式为_____.

3. 某一次函数的图像经过点 $(-1, 2)$，且经过第一、二、三象限，请写出一个符合上述条件的函数关系式. _____

4. 若正比例函数 $y = kx$ $(k \neq 0)$ 经过点 $(-1, 2)$，则该正比例函数的解析式为_____.

5. 随着海拔高度的升高，大气压强下降，空气中的含氧量也随之下降，即含氧量 y (g/m^3) 与大气压强 x (kPa) 成正比例函数关系. 当 $x = 36$ (kPa) 时，$y = 108$ (g/m^3)，请写出 y 与 x 的函数关系式：_____.

二、选择题

1. 将直线 $y = 2x$ 向上平移两个单位，所得的直线是（ ）.

A. $y = 2x + 2$ B. $y = 2x - 2$ C. $y = 2(x-2)$ D. $y = 2(x+2)$

2. 在函数 $y = -2x + 3$ 图像上的点是（ ）.

A. $(1, -1)$ B. $(1, 1)$ C. $(0, -3)$ D. $(-1, 1)$

3. 函数 $f(x) = 2x - 1$ 不经过的点是（ ）.

A. $(0, -1)$ B. $(1, 1)$

C. $(2, 3)$ D. $(-1, 3)$

4. 有 4 个金属导体，它们的伏安特性曲线分别是图 F3-3 中的 a、b、c、d，则电阻最大的是（ ）.

A. a B. b

C. c D. d

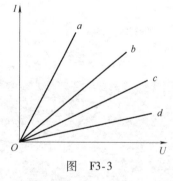

图 F3-3

5. 下列 4 个选项中，能正确表示出线性元件伏安特性曲线的是（ ）.

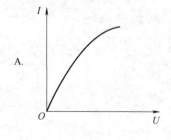

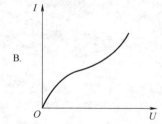

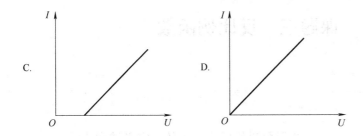

C.   D.

三、2003 年夏天，湖南省由于持续高温和连日无雨，水库蓄水量普遍下降，图 F3-4 所示是某水库的蓄水量 V（万 m^3）与干旱持续时间 t（天）之间的关系图，请根据此图回答下列问题.

1. 该水库原蓄水量为多少？持续干旱 10 天后，水库蓄水量为多少？

2. 若水库蓄水量小于 400 万 m^3 时，将发出严重干旱警报. 问：持续干旱多少天后，将发出严重干旱警报？

3. 按此规律，持续干旱多少天时，水库将干涸？

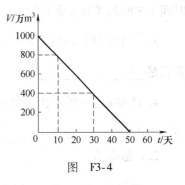

图　F3-4

课题三 反比例函数

一、填空题

1. 形如_____的函数叫作反比例函数，定义域为_____，值域为_____．当 $k > 0$ 时，在区间（$-\infty$，0）和（0，$+\infty$）内是_____函数；当 $k < 0$ 时，在区间（$-\infty$，0）和（0，$+\infty$）内是_____函数．

2. 一批零件300个，一个工人每小时做15个，用关系式表示人数 x 与完成任务所需时间 y 之间的函数关系式为_____．

3. 一个反比例函数 $y = \dfrac{k}{x}$（$k \neq 0$）的图像经过点 $P(-2，-1)$，则该反比例函数的解析式是_____．

4. 已知关于 x 的一次函数 $y = kx + 1$ 和反比例函数 $y = \dfrac{6}{x}$ 的图像都经过点 $P(2，m)$，则一次函数的解析式是_____．

二、选择题

1. 函数 $y = 2x$，$y = x$，$y = x^{-1}$，$y = \dfrac{1}{x+1}$ 中，反比例函数的个数为（　　）．

A. 1个   B. 2个

C. 3个   D. 0个

2. 函数 $y = \dfrac{1}{x}$ 与 $y = x$ 的图像在同一平面直角坐标系内的交点个数是（　　）．

A. 1个   B. 2个

C. 3个   D. 0个

3. 反比例函数 $y = \dfrac{2}{x}$ 的图像位于（　　）．

A. 第一、二象限   B. 第一、三象限

C. 第二、三象限   D. 第二、四象限

4. 某闭合电路中，电源电压为定值，电流 I 与电阻 R 成反比，当 $R = 3\Omega$ 时 $I = 2A$，则电阻 R 与电流 I 的函数解析式为（　　）．

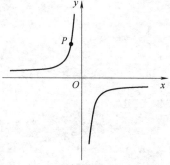

A. $I = \dfrac{6}{R}$ B. $I = -\dfrac{6}{R}$

C. $I = \dfrac{3}{R}$ D. $I = \dfrac{2}{R}$

三、 如图 F3-5 所示，P 是反比例函数图像上一点，

图　F3-5

且点 P 到 x 轴的距离为 3，到 y 轴的距离为 2，求这个反比例函数的解析式.

四、在某一电路中，保持电压不变，电流 I 和电阻 R 成反比例，当电阻 $R = 5\Omega$ 时，电流 $I = 2A$.

1. 求 I 与 R 之间的函数关系式；

2. 当电流 $I = 0.5A$ 时，求电阻 R 的值.

五、有两只电容器，其中 $C_1 = 2\mu F$，耐压为 160V；$C_2 = 10\mu F$，耐压为 250V.

1. 若将它们串联后接到 300V 的直流电压上使用，求每只电容器两端的电压为多少. 这样使用安全吗？

2. 若将这样的两个电容器串联，两端所能加的最大电压为多少？

一、下列函数关系中，哪些是反比例函数

1. 一个矩形的面积是 $20cm^2$，相邻两条边长分别为 x cm 和 y cm，那么变量 y 与变量 x 之间的关系；

2. 滑动变阻器两端的电压为 U，移动滑片时通过变阻器的电流 I 和电阻 R 之间的关系；

3. 某村有耕地 346.2 公顷，人口数量 N 逐年发生变化，那么该村人均占有耕地面积 M（公顷）与全村人口数 N 之间的关系；

4. 某乡粮食总产量 M t，那么该乡每人平均粮食 y（t）与该乡人口数 x 之间的函数关系.

二、选择题

1. 已知点（3，1）是双曲线 $y = \dfrac{k}{x}$（$k \neq 0$）上一点，则下列各点中在该图像上的点是（　　）.

A. $\left(\dfrac{1}{3} , -9 \right)$

B. （3，1）

C. （-1，3）

D. $\left(6 , -\dfrac{1}{2} \right)$

2. 一次函数 $y = kx - k$，y 随 x 增大而减小，那么反比例函数 $y = \dfrac{k}{x}$ 满足（　　）.

A. 当 $x > 0$ 时 $y > 0$

B. 在每个象限内，y 随 x 增大而减小

C. 图像分布在第一、三象限

D. 图像分布在第二、四象限

3. 已知矩形的面积为 10，则它的长 y 与宽 x 之间的关系用图像表示大致为（　　）.

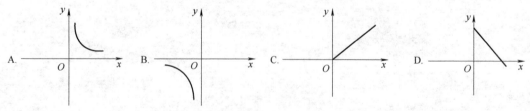

4. 当 $x > 0$ 时，两个函数值 y，一个随 x 的增大而增大，另一个随 x 的增大而减小的是（　　）.

A. $y = 3x$ 与 $y = \dfrac{1}{x}$

B. $y = -3x$ 与 $y = \dfrac{1}{x}$

C. $y = -2x$ 与 $y = \dfrac{1}{x}$

D. $y = 3x - 15$ 与 $y = \dfrac{1}{x}$

三、在压力不变的情况下，某物体承受的压强 p（Pa）是它的受力面积 S（m^2）的反比例函数，其图像如图 F3-6 所示.

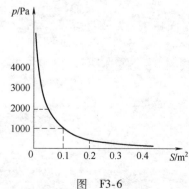

图 F3-6

1. 求 p 与 S 之间的函数关系式；
2. 求当 $S = 0.5\text{m}^2$ 时物体承受的压强 p.

四、蓄电池的电压为定值，使用此电源时，电流与电阻间的函数关系如图 F3-7 所示.

1. 蓄电池的电压为多少？你能写出这一函数表达式吗？

2. 完成表 F3-2. 如果以蓄电池为电源的用电器限制电流不得超 10A，那么用电器的可变电阻应控制在什么范围内？

表　F3-2

R/Ω	3	4	5	6	7	8	9	10
I/A							4	

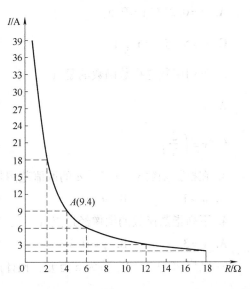

图　F3-7

课题四 指数函数

一、填空题

1. 形如_____的函数叫作指数函数，它的图像恒过点_____．

2. 指数函数 $y = a^x$（$a > 0$，$a \neq 1$）的定义域是_____，值域是_____．
由函数单调性可知：当_____时，$y = a^x$ 在定义域内为增函数；当_____时，$y = a^x$ 在定义域内为减函数．

3. 已知函数 $y = 64^x$，则当 $y = 4$ 时，$x =$ _____．

4. 已知函数 $y = \left(\dfrac{1}{8}\right)^{-x}$，则当 $x = \dfrac{1}{2}$ 时，$y =$ _____．

5. 函数 $y = 0.2^x$，当 $x \in [0, 1]$ 时，y 的取值范围是_____．

二、选择题

1. 下列函数中，是同一个函数的两个函数是（　　）．

A. $y = 0.2^x$ 与 $y = 0.5^{-x}$ 　　　　　B. $y = 0.5^x$ 与 $y = 5^{-x}$

C. $y = 5^x$ 与 $y = \left(\dfrac{1}{5}\right)^{-x}$ 　　　　　D. $y = 5^x$ 与 $y = 0.5^{-x}$

2. 下列函数是指数函数的是（　　）．

A. $y = x^3$ 　　　　　　　　　　B. $y = \left(-\dfrac{3}{2}\right)^x$

C. $y = \left(\dfrac{2}{3}\right)^x$ 　　　　　　　　　D. $y = \dfrac{1}{3x}$

3. 在指数函数 $y = a^x$ 中，a 的取值范围是（　　）．

A. $a > 1$ 　　　B. $a > 0$ 　　　C. $a > 0$ 且 $a \neq 1$ 　　　D. $0 < a < 1$

4. 下列指数函数的图像经过点（-1，3）的是（　　）．

A. $y = 3^x$ 　　　B. $y = 0.3^x$ 　　　C. $y = 3^{-x}$ 　　　D. $y = 9^x$

5. 某厂 2011 年的产值为 a 万元，预计产值每年以 5% 递增，则该厂到 2023 年的产值是（　　）．

A. $a(1 + 5\%)^{13}$ 　　　　　　　　B. $a(1 + 5\%)^{12}$

C. $a(1 + 5\%)^{11}$ 　　　　　　　　D. $\dfrac{10}{9}a(1 - 5\%)^{12}$

三、利用指数函数的性质比较大小

1. $\left(\dfrac{4}{5}\right)^3$ ____ 0； 　　　　2. 5^{-1} ____ 0； 　　　　3. 7^0 ____ 0；

4. $\left(\dfrac{3}{100}\right)^{-3}$ ____ 0； 　　　5. $\left(\dfrac{2}{3}\right)^2$ ____ 1； 　　　6. $\left(\dfrac{7}{9}\right)^{-4}$ ____ 1；

7. $(10)^{-\frac{1}{2}}$____1；　　　　8. 6^{-3}____1.

四、函数 $y = \sqrt{a^x - 1}$ 的定义域为 $(-\infty, 0]$，求 a 的取值范围.

五、某种储蓄按复利计算利息，若本金为 a 元，年利率为 γ，设存期为 x 年，本利和（本金加上利息）为 y 元.

1. 写出本利和随存期变化的函数关系式；

2. 如果存入本金 1000 元，每期利率为 2.25%，试计算 5 年后的本利和.

一、根据指数函数的性质，利用不等号填空

1. $5^{\frac{1}{2}}$ _____ $5^{\frac{1}{3}}$；

2. $0.17^{-0.2}$ _____ $0.17^{-0.3}$；

3. $3^{-1.1}$ _____ $3^{-1.2}$；

4. $\left(\dfrac{\pi}{4}\right)^{\sqrt{2}}$ _____ $\left(\dfrac{\pi}{4}\right)^{\sqrt{3}}$.

二、一台价值 100 万元的新机床，按每年 8% 的折旧率折旧，问 20 年后这台机床还值几万元？（精确到 0.01 万元）

三、某省 2018 年粮食总产量为 150 亿 kg，如果按每年平均 5.2% 的增长速度，求该省 5 年后的年粮食总产量．（精确到 0.01 亿 kg）

四、一个人喝了少量酒后，血液中酒精含量迅速上升到 0.3 mg/mL，在停止喝酒后，血液中的酒精含量以每小时 50% 的速度减少．为了保障交通安全，某地根据《道路交通安全法》规定：驾驶员血液中的酒精含量不得超过 0.08 mg/mL，那么，一个喝了少量酒的驾驶员，至少要经过几小时才能驾驶？（精确到 1 h）

五、已知一个 RC 电路，如图 F3-8 所示．先将开关合在 a 端，给电容器 C 充电，充电完毕后（$U_C = E$），再将开关合向 b 端，则电容器通过电阻 R 进行放电．

电工学理论分析指出：电容器在充电过程中，电路中的电流 i 随时间按指数规律变化，其函数关系是 $i(t) = Ie^{-\frac{t}{RC}}$；电容器在放电过程中，电路中的电流 i 与充电过程的方向相反，并随时间按指数规律变化，其函数关系是 $i(t) = -Ie^{-\frac{t}{RC}}$．

试画出充电过程中 $i(t) = Ie^{-\frac{t}{RC}}$、放电过程中 $i(t) = -Ie^{-\frac{t}{RC}}$ 的简易图像．

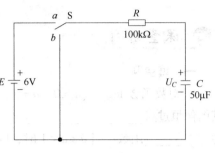

图　F3-8

课题五 对 数 函 数

一、填空题

1. 对数函数 $\log_a x$（$a > 0$，$a \neq 1$）的定义域为_____，值域为_____，其图像恒过点_____. 由函数单调性可知：当 $a > 1$ 时，$\log_a x$ 在定义域内为_____函数；当 $0 < a < 1$ 时，$\log_a x$ 在定义域内为_____函数.

2. 函数 $\log_{\frac{1}{3}} x$ 的图像与函数_____的图像关于 $y = x$ 对称.

3. $\log_2(x^2 - 2x - 1) = 1$，则 $x =$ _____.

4. 函数 $\log_{x-1}(3 - x)$ 的定义域是_____.

二、选择题

1. 已知 $a = \lg b$，则 $a + 3$ 等于（　　）.

A. $\lg 3b$ 　　　B. $\lg(b + 3)$ 　　　C. $\lg b^3$ 　　　D. $\lg(1000b)$

2. 函数 $y = \left(\dfrac{2}{3}\right)^x$ 的反函数是（　　）.

A. $y = \log_{\frac{3}{2}} x$ 　　B. $y = \log_x \dfrac{2}{3}$ 　　C. $y = \log_{\frac{2}{3}} x$ 　　D. $x = \log_{\frac{2}{3}} y$

3. 若 $\log_a \dfrac{3}{5} < 0$，则 a 的取值范围是（　　）.

A. $a > 0$ 且 $a \neq 1$ 　B. $a > 1$ 　　　C. $0 < a < 1$ 　　　D. $a > 0$

4. 若 $\log_a 2 > 1$，则 a 的取值范围是（　　）.

A. $a > 0$ 且 $a \neq 1$ 　B. $a > 1$ 　　　C. $0 < a < 1$ 　　　D. $a > 0$

5. 函数 $y = \log_{\sqrt{3}} x$（$x > 0$）的图像与 x 轴的交点坐标为（　　）.

A. $(1, 0)$ 　　　B. $(0, 1)$ 　　　C. $(0, 0)$ 　　　D. $(1, 1)$

三、利用对数函数的性质，比较大小

1. $\log_{0.2} 0.5$ _____ $\log_{0.2} 0.1$；　　　　2. $\log_2 3$ _____ $\log_2 \pi$；

3. $\log_5 1$ _____ $\log_7 1$；　　　　　　　4. $\log_2 3$ _____ $\log_{0.2} 3$.

一、填空题

1. 若 $\log_a 2 = m$，$\log_a 3 = n$，则 $a^{2m+n} = $ _____.

2. $\lg 25 + \lg 2\lg 50 + (\lg 2)^2 = $ _____.

3. 不等式 $\log_{\frac{1}{3}}(5+x) < \log_{\frac{1}{3}}(1-x)$ 的解集为 _____.

二、 某钢铁公司的年产量为 a 万 t，计划每年比上一年增产 10%，问经过多少年产量翻一番？（保留两位有效数字）

三、 科学研究表明，宇宙射线在大气中能够产生放射性碳-14. 碳-14 的衰变极有规律，其精确性可以称为自然界的"标准时钟". 动植物在生长过程中衰变的碳-14，可以通过与大气的相互作用得到补充，所以活着的动植物每克组织中的碳-14 含量保持不变. 死亡后的动植物，停止了与外界环境的相互作用，机体中原有的碳-14 按确定的规律衰减，我们已经知道，其"半衰期"为 5730 年. 湖南长沙马王堆汉墓女尸出土（1972 年）时碳-14 的残余量约占原始含量的 76.7%，试推算马王堆古墓的年代. 试说明推算的过程.

四、 已知一个 RC 电路，如图 F3-9 所示，当合上开关 S 时，电容器开始充电，随着时间的推移，电容器 C 两端的电压将逐渐增加，由电工学理论分析指出：在 C 充电过程中，电容器两端电压随时间按指数规律变化，变化曲线如图 F3-10 所示，函数关系是 $u_C = $

$E(1 - e^{-\frac{1}{RC}t})$.

试求：电容器充电到5V所需要的时间.

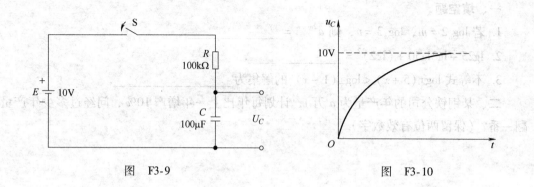

图　F3-9　　　　　　　　　　　　图　F3-10

模块自测题

一、填空题

1. 已知一次函数 $y = 6x + 1$，当 $-3 \leqslant x \leqslant 1$ 时，y 的取值范围是＿＿＿＿＿＿＿＿．

2. 已知直线 $y = -2x + m$，不经过第三象限，则 m 的取值范围是＿＿＿＿＿＿＿＿．

3. 过点 $P(8, 2)$ 且与直线 $y = x + 1$ 平行的一次函数的解析式为＿＿＿＿＿＿＿＿．

4. 若 $\log_a 2 = m$，$\log_a 3 = n$，则 $a^{2m+n} =$＿＿＿＿＿＿＿＿．

5. 函数 $y = \log_{(x-1)}(3-x)$ 的定义域是＿＿＿＿＿＿＿＿．

6. 函数 $y = \log_{(2x-1)}\sqrt{3x-2}$ 的定义域是＿＿＿＿＿＿＿＿．

7. 函数 $y = \dfrac{1}{x-2}$，$x \in [3, 4]$ 的最大值为＿＿＿＿＿＿．

8. 如图 F3-11 所示，R_a 比 R_b＿＿＿＿＿＿（大、小），$R_a =$＿＿＿＿＿＿ Ω，$R_b =$＿＿＿＿＿＿ Ω．

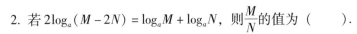

图 F3-11

二、选择题

1. 函数 $y = (2k+1)x + b$ 在实数集上是增函数，则（　　）．

A. $k > -\dfrac{1}{2}$ B. $k < -\dfrac{1}{2}$

C. $b > 0$ D. $b < 0$

2. 若 $2\log_a(M - 2N) = \log_a M + \log_a N$，则 $\dfrac{M}{N}$ 的值为（　　）．

A. $\dfrac{1}{4}$ B. 4   C. 1   D. 4 或 1

3. 已知函数 $y = \dfrac{k}{x}$，当 $x = 1$ 时 $y = -3$，那么这个函数的解析式是（　　）．

A. $y = \dfrac{3}{x}$ B. $y = -\dfrac{3}{x}$ C. $y = \dfrac{1}{3x}$ D. $y = -\dfrac{1}{3x}$

4. 已知 y 与 x 成反比例，当 $x = 3$ 时 $y = 4$，那么当 $y = 3$ 时，x 的值等于（　　）．

A. 4   B. -4 C. 3   D. -3

5. 已知函数 $y = ax$ 和 $y = -\dfrac{b}{x}$ 在 $(0, +\infty)$ 上都是增函数，则函数 $f(x) = bx + a$ 在 $(0, +\infty)$ 上是（　　）．

A. 减函数，且 $f(x) < 0$ B. 增函数，且 $f(x) < 0$

C. 减函数，且 $f(x) > 0$ D. 增函数，且 $f(x) > 0$

6. 甲乙两导体由同种材料做成，长度之比为 $3:5$，直径之比为 $2:1$，则它们的电阻之比为（　　）．

A. $12:5$ B. $3:20$ C. $7:6$ D. $20:3$

7. 函数 $y = \sqrt{\log_3 x - 3}$ 的定义域是（　　）．

A. $(9, +\infty)$　　B. $[9, +\infty)$　　　C. $[27, +\infty)$　　　D. $(27, +\infty)$

三、求函数的定义域

1. $y = 2^{3-x}$;

2. $y = \dfrac{1}{3^x - 1}$;

3. $y = \log_{\frac{1}{2}}(x^2 - 4)$;

4. $y = \sqrt{x+2} + \sqrt{4-x}$.

四、大西洋鲑鱼每年都要逆流而上，游回产地产卵，研究鲑鱼的科学家发现鲑鱼的游速可以表示为函数 $v = \dfrac{1}{2}\log_3 \dfrac{O}{100}$，单位是 m/s，其中 O 表示鲑鱼的耗氧量的单位数.

1. 当一条鲑鱼耗氧量是 2700 个单位时，它的游速是多少？

2. 计算一条鲑鱼静止时耗氧量的单位数.

五、某电源的外特性曲线如图 F3-12 所示，求此电源电动势 E 及内阻 r.

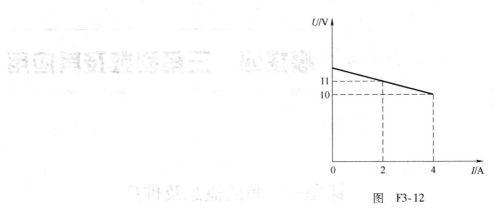

图　F3-12

模块四　三角函数及其应用

课题一　角的概念及推广

课堂练习

一、填空题

1. 我们规定：按_____方向旋转形成的角称为正角，按_____方向旋转形成的角称为负角；如果一条射线_____做任何旋转，我们认为它形成了一个角，称为零角.

2. 某飞轮每分钟顺时针转了 300 圈，则飞轮每秒转动的角度为_____.

3. 与角 α 终边相同的角（含 α 在内）的一般表达式为_____，用集合表示为_____.

二、选择题

1. 时钟从 2 时走到了 3 时 30 分，分针旋转了（　　）.

A. 45°   B. −45°

C. 540°   D. −540°

2. 已知角 α 是钝角，则 $\dfrac{\alpha}{2}$ 是（　　）.

A. 第一象限角   B. 第二象限角

C. 第一或第二象限角   D. 不小于直角的正角

3. 已知角 α 是锐角，则 2α 是（　　）.

A. 第一象限角   B. 第二象限角

C. 小于 180° 的正角   D. 不小于直角的正角

4. 若 α 是任意一个角，则 α 与 $-\alpha$ 终边（　　）.

A. 关于原点对称   B. 关于 y 轴对称

C. 关于 x 轴对称   D. 关于直线 $y = x$ 对称

5. $\dfrac{19\pi}{6}$ 角是（　　）.

A. 第一象限角   B. 第二象限角

C. 第三象限角   D. 第四象限角

三、将下列角度转化成弧度，弧度转化为角度.

420°→   300°→   -120°→

$\dfrac{3\pi}{5}$→ $\dfrac{5\pi}{3}$→ $\dfrac{11\pi}{6}$→

四、已知某一公路的弯道半径为60m，转过的圆心角是135°，求该弯道的长度.

一、选择题

1. 在半径不等的圆中 1rad 所对的（　　）.

A. 弦长相等　　　　　　　　　　B. 弧长相等

C. 弦长等于所在圆的半径　　　　D. 弧长等于所在圆的半径

2. 将分针拨快 10min，则分针转过的弧度数为（　　）.

A. $\dfrac{\pi}{3}$　　　　B. $-\dfrac{\pi}{3}$　　　　C. $\dfrac{\pi}{6}$　　　　D. $-\dfrac{\pi}{6}$

3. 钟表上，分针每分钟转过的角度为（　　）.

A. $\dfrac{\pi}{30}$　　　　B. $-\dfrac{\pi}{30}$　　　　C. $\dfrac{\pi}{60}$　　　　D. $-\dfrac{\pi}{60}$

二、角度化为弧度

1. $-180°$；　　　　　　　2. $1200°$；　　　　　　　3. $360°$.

三、弧度化为角度

1. $-\dfrac{7}{3}\pi$；　　　　　　　2. 3；　　　　　　　3. π.

四、 经过 1h，钟表的时针和分针各转过了多少度？并将其换算为弧度.

五、 电动机转子 1s 内旋转 100π rad，问转子每分钟旋转多少周？

六、自行车行进时，车轮在 1min 内转过了 96 圈．若车轮的半径为 0.33m，则自行车 1h 前进了多少？（精确到 1m）

七、已知一段公路的弯道半径是 30m，转过的半圆心角是 120°，求该弯道的长度．（精确到 1m）

课题二　任意角的三角函数

一、填空题

1. 已知角 α 的终边过点 $P(\sqrt{3},1)$，则 $\sin\alpha = $ _____，$\cos\alpha = $ _____，$\tan\alpha = $ _____.

2. 已知第三象限角终边上一点 P 的坐标为 $(-5,y)$，且 $OP=13$，则 $y = $ _____，$\sin\alpha = $ _____，$\cos\alpha = $ _____，$\tan\alpha = $ _____.

3. 同角三角函数的基本关系为 _____，_____.

4. $\sin^2 50° + $ _____ $=1$，$\dfrac{\sin50°}{\cos50°} = $ _____.

二、选择题

1. 点 $P(3,4)$ 是角 α 终边上的一点，则下列等式中正确的是 （　　）.

A. $\sin\alpha = \dfrac{4}{5}$　　B. $\cos\alpha = -\dfrac{3}{4}$　　C. $\tan\alpha = -\dfrac{4}{3}$　　D. $\tan\alpha = -\dfrac{3}{5}$

2. 已知角 α 终边过点 $P(-5，12)$，则 $\sin\alpha + \cos\alpha = $ （　　）.

A. $-\dfrac{7}{13}$　　　B. $\dfrac{17}{13}$　　　C. $-\dfrac{17}{13}$　　　D. $\dfrac{7}{13}$

3. $\sin\alpha$ 与 $\tan\alpha$ 异号，则角 α 是 （　　）.

A. 第二象限角　　　　　　B. 第三象限角

C. 第二或第三象限角　　　D. 第二或第四象限角

4. 下列等式恒成立的是 （　　）.

A. $\sin(\alpha-\beta) = \sin(\beta-\alpha)$　　　B. $\cos(\alpha-\beta) = \cos(\beta-\alpha)$

C. $\tan(\alpha-\beta) = \tan(\beta-\alpha)$　　　D. $\cos(\alpha-\beta) = -\cos(\beta-\alpha)$

三、计算题

1. $\sin30° + \cos60° + \tan45°$；

2. $\sin90° - \cos180° - \tan0°$；

3. $\sin\dfrac{\pi}{3} + \cos\dfrac{\pi}{4} - \tan\dfrac{\pi}{6}$;

4. $\sin 0° - \cos\dfrac{3\pi}{2} + \tan\pi$.

四、一钟表顺时针旋转 300°，求其三角函数值.

五、根据条件 $\sin\alpha > 0$ 且 $\cos\alpha < 0$，确定 α 是第几象限的角.

六、已知 $\sin\alpha = \dfrac{4}{5}$，且 α 是第二象限角，求 $\sin(-\alpha)$、$\cos(-\alpha)$、$\tan(2\pi-\alpha)$ 的值.

一、填空题

1. 若 $\sin\alpha = -\dfrac{2}{3}$，则，$\sin(-\alpha) = $ _____，$\sin(2\pi - \alpha) = $ _____．

2. 若 $\cos\alpha = -\dfrac{1}{3}$，则 $\cos(\pi - \alpha) = $ _____，$\cos(\pi + \alpha) = $ _____．

3. 某计算机的硬盘在计算机启动后，每 3min 转 2000 转，则每分钟所转弧度数为 $\dfrac{2000\pi}{3}$，其正弦值 $\sin\dfrac{2000\pi}{3} = $ _____．

二、选择题

1. 若 $\sin\alpha = \dfrac{1}{3}$ 且角 α 终边过点 $N(-1, y)$，则角 α 是 （　　　）．

A. 第一象限角　　　　　　　　B. 第二象限角

C. 第一或第二象限角　　　　　D. 第二或第三象限角

2. 已知角 α 的终边过点 $(-1, \sqrt{2})$，则 $\cos(4\pi + \alpha)$ 的值等于 （　　　），$\sin(4\pi - \alpha)$ 的值等于 （　　　）．

A. $\dfrac{\sqrt{6}}{3}$　　　　B. $-\dfrac{\sqrt{6}}{3}$　　　　C. $\dfrac{\sqrt{3}}{3}$　　　　D. $-\dfrac{\sqrt{3}}{3}$

3. 若 $\alpha + \beta = \pi$，则下列等式恒成立的是 （　　　）．

A. $\sin\alpha = \sin\beta$　　　　　　　　B. $\cos\alpha = \cos\beta$

C. $\tan\alpha = \tan\beta$　　　　　　　　D. $\sin\alpha = -\sin\beta$

4. 将 $\sin(900° + \alpha)$ 化成角 α 的三角函数，应是 （　　　）．

A. $\sin\alpha$　　　　B. $-\sin\alpha$　　　　C. $\cos\alpha$　　　　D. $-\cos\alpha$

三、利用诱导公式求三角函数值

1. $\sin 1110°$；

2. $\sin\dfrac{33\pi}{4}$；

3. $\cos\left(-\dfrac{3\pi}{4}\right)$;

4. $\tan\left(-\dfrac{2\pi}{3}\right)$.

四、已知角 α 终边上一点 P 的坐标是（-3，-4），求 $\sin\alpha$、$\cos\alpha$ 和 $\tan\alpha$.

五、已知 $\cos\alpha=\dfrac{1}{2}$，且 α 是第四象限角，求 $\sin\alpha$ 和 $\tan\alpha$ 的值.

六、公路上一斜坡，其坡角为 α，如果 $\cos\alpha=\dfrac{4}{5}$，有一人沿着斜坡走了 5m，问此人升高了多少米. 并求 α 的正弦值、正切值.

课题三 三角函数的应用

课堂练习

一、填空题

1. 用反三角函数表示 $\sin x = -\dfrac{1}{3}$，$x \in \left[\pi, \dfrac{3\pi}{2}\right]$ 的角 $x = $ _____ .

2. $\tan \alpha = -3$，$x \in [0, \pi]$，则 $x = $ _____ .

3. 若 $3\cos\alpha + 1 = 0$，当 α 为 $\triangle ABC$ 的一个内角时，则 $\alpha = $ _____ .

4. $\arctan\left(-\dfrac{\sqrt{3}}{3}\right) = $ _____ ，$\arcsin(\sin(2070°)) = $ _____ .

二、选择题

1. 已知 $y = \sin x$ 与函数 $y = \arcsin x$，下列说法正确的是（   ）.

A. 互为反函数   B. 都是增函数

C. 都是奇函数   D. 都是周期函数

2. 函数 $y = \arcsin(\sin x)$ 的定义域是（   ）.

A. $[-1, 1]$ B. $\left[-\dfrac{\pi}{2}, \dfrac{\pi}{2}\right]$

C. $\mathbf{R}$ D. $[0, \pi]$

3. $\cos 24°\cos 36° - \sin 24°\sin 36°$ 的值等于（   ）.

A. 0 B. $\dfrac{1}{2}$ C. $\dfrac{\sqrt{3}}{2}$ D. $-\dfrac{1}{2}$

三、根据下列条件，求角 x 的值：

1. $\sin x = -\dfrac{1}{2}$，$x \in [0, 2\pi]$；

2. $\cos x = -1$，$x \in [0, 2\pi]$.

四、求适合下列关系的 x，试用反正弦、反余弦、反正切的符号表示 x.

1. $\sin x = -\dfrac{\sqrt{3}}{2}$，$x \in \left[-\dfrac{\pi}{2}, \dfrac{\pi}{2} \right]$；

2. $\tan x = -\sqrt{3}$，$x \in \left[0, 2\pi \right]$.

一、填空题

1. 化简 $\cos\left(2x-\dfrac{\pi}{3}\right)\cos\left(\dfrac{\pi}{3}-x\right)-\sin\left(2x-\dfrac{\pi}{3}\right)\sin\left(\dfrac{\pi}{3}-x\right)=$ _____.

2. 已知角 α 的终边过点 $P(3a,-4a)$ $(a\neq0)$，则 $\sin2\alpha=$ _____.

二、选择题

1. 已知 $\sin x=a$，其中 $-1\leqslant a\leqslant1$，$\dfrac{\pi}{2}\leqslant x\leqslant\dfrac{3\pi}{2}$，那么反三角函数表示的 4 个式子中正确的是 (   ).

    A. $x=\pi+\arcsin a$ B. $x=\pi-\arcsin a$

    C. $x=\dfrac{\pi}{2}+\arcsin a$ D. $x=\dfrac{\pi}{2}-\arcsin a$

2. $\cos(-15°)$ 的值等于 (   ).

    A. $\dfrac{\sqrt{6}+\sqrt{2}}{2}$ B. $\dfrac{\sqrt{6}+\sqrt{2}}{4}$

    C. $\dfrac{\sqrt{6}-\sqrt{2}}{2}$ D. $\dfrac{\sqrt{6}-\sqrt{2}}{4}$

三、已知 $\sin\alpha=\dfrac{15}{17}$，$\cos\beta=-\dfrac{5}{13}$ 且 α、β 都是第二象限角，求 $\sin(\alpha+\beta)$，$\cos(\alpha-\beta)$ 的值.

四、将 $\dfrac{\sqrt{3}}{2}\sin\alpha-\dfrac{1}{2}\cos\alpha$ 化成 $A\sin(\alpha+\varphi)$ 的形式.

五、已知两个同频率的正弦交流电流分别为 $i_1 = 2\sin\left(\omega t + \dfrac{\pi}{6}\right)$，$i_2 = 2\sin\left(\omega t - \dfrac{\pi}{2}\right)$，求总电流 i.（$i = i_1 + i_2$）

课题四　正弦函数的图像和性质

课堂练习

一、填空题

1. $y = \sin x$ 的定义域为_____，值域为_____，当 $x =$ _____ 时，$y_{\max} =$ _____；当 $x =$ _____ 时，$y_{\min} =$ _____.

2. $y = \sin x$ 是周期为_____的周期函数，其图像关于_____对称，即 $y = \sin x$（$x \in \mathbf{R}$）是_____函数.

3. 正弦型函数 $y = A\sin(\omega x + \varphi)$（$A > 0, \omega > 0$）的定义域为_____，值域为_____. 当 $\omega x + \varphi = \dfrac{\pi}{2} + 2k\pi$（$k \in \mathbf{Z}$）时，$y_{\max} =$ _____；当 $\omega x + \varphi = \dfrac{3\pi}{2} + 2k\pi$（$k \in \mathbf{Z}$）时，$y_{\min} =$ _____. 在实际问题中，3 个量 A, ω, φ 都有物理意义，其中 A 称为_____，$T = \dfrac{2\pi}{\omega}$ 称为周期，$f = \dfrac{\omega}{2\pi}$ 称为_____，$\omega x + \varphi$ 称为_____，φ 称为_____.

4. 某交流电压 u（V）与时间 t（s）的函数关系式为 $u = 311\sin\left(314t - \dfrac{\pi}{6}\right)$ V，则电压的最大值为_____V，有效值为_____V，角频率 ω 为_____rad/s，周期 T 为_____s，频率 f 为_____Hz，初相角 φ 为_____，当 $t = 0.01$s 时的相位为_____.

二、选择题

1. 若 $\sin x = 2a - 5$ 有意义，则 a 的取值范围是（　　）.

A. $2 \leqslant a \leqslant 3$ 　　B. $a < 2$ 　　C. $a > 3$ 　　D. $1 \leqslant a \leqslant \dfrac{3}{2}$

2. 函数 $y = 3 + 2\sin x$ 的最大值是（　　）.

A. 5 　　B. 1 　　C. 3 　　D. 2

3. 函数 $y = |\sin x|$ 的最小正周期为（　　）.

A. $\dfrac{\pi}{4}$ 　　B. $\dfrac{\pi}{2}$ 　　C. π 　　D. 2π

4. 某正弦交流电的周期是 0.02s，则它的频率一定是（　　）Hz.

A. 25 　　B. 50 　　C. 60 　　D. 0.02

5. 下列关系式不成立的是（　　）.

A. $\omega = 2\pi f$ 　　B. $\omega = \dfrac{2\pi}{T}$ 　　C. $\omega = 2\pi T$ 　　D. $T = \dfrac{1}{f}$

6. 函数 $y = \dfrac{1}{4}\sin x$ 的图像与正弦曲线 $y = \sin x$ 相比，图像上所有的点（　　）.

A. 周期变为原来的 4 倍，纵坐标取值范围不变

B. 周期变为原来的 $\frac{1}{4}$，纵坐标取值范围不变

C. 纵坐标伸长为原来的 4 倍，周期不变

D. 纵坐标缩短为原来的 $\frac{1}{4}$，周期不变

三、已知中央人民广播电台第一套广播的频率是 610kHz，试求它的周期和角频率.

四、已知函数 $y = A\sin(\omega x + \varphi)$ 在某一个周期的图像最高点为 $\left(\frac{3\pi}{8}, 3\right)$，最低点为 $\left(-\frac{3\pi}{8}, -3\right)$，求 A、ω、φ 的值.

五、如图 F4-1 所示，已知正弦交流电的电流 i（A）在一个周期内的图像，求 i（A）的瞬时表达式.

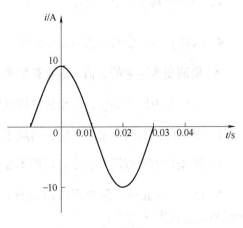

图　F4-1

一、填空题

1. 有一正弦电流 $i = 3\sqrt{3}\sin\left(100\pi t - \dfrac{\pi}{3}\right)$A，则它的角频率为_____，频率为_____，周期为_____，初相为_____. 电流的最大值为_____，在 $t = 0.02\text{s}$ 时相位为_____，此时的电流瞬时值为_____.

2. 把正弦型函数 $y = \sin\left(3x + \dfrac{\pi}{2}\right)$ 上所有点的纵坐标_____，保持横坐标不变，就能得到正弦型函数 $y = \dfrac{1}{2}\sin\left(3x + \dfrac{\pi}{2}\right)$ 的图像.

3. $\sqrt{3}\sin x - \cos x = 2a - 3$ 中，a 的取值范围是_____.

二、选择题

1. 式 $u = U_{\text{m}}\sin(\omega t + \varphi)$ 中，$\omega t + \varphi$ 称为正弦交流电的 （　　）.

A. 相位　　　　B. 初相角　　　　C. 相位差　　　　D. 位角

2. 函数 $y = 5 - 2\sin x$ 取最小值时 x 的集合是 （　　）.

A. $\left\{x \,\middle|\, x = \dfrac{\pi}{2}\right\}$　　　　　　　　B. $\left\{x \,\middle|\, x = \dfrac{3\pi}{2}\right\}$

C. $\left\{x \,\middle|\, x = \dfrac{\pi}{2} + 2k\pi,\ k \in \mathbf{Z}\right\}$　　　　D. $\left\{x \,\middle|\, x = \dfrac{3\pi}{2} + 2k\pi,\ k \in \mathbf{Z}\right\}$

3. 函数 $y = \sin\left(x + \dfrac{\pi}{3}\right)$ 的图像与正弦曲线 $y = \sin x$ 相比，图像上所有的点 （　　）.

A. 向左平移 $\dfrac{\pi}{3}$ 个单位长度　　　　B. 向右平移 $\dfrac{\pi}{3}$ 个单位长度

C. 向左平移 $\dfrac{1}{3}$ 个单位长度　　　　D. 向右平移 $\dfrac{1}{3}$ 个单位长度

4. 函数 $y = \sin\dfrac{x}{5}$ 的图像与正弦曲线 $y = \sin x$ 相比，图像上所有的点 （　　）.

A. 周期变为原来的 5 倍，纵坐标取值范围不变

B. 周期变为原来的 $\dfrac{1}{5}$，纵坐标取值范围不变

C. 纵坐标伸长到原来的 5 倍，周期不变

D. 纵坐标缩短到原来的 $\dfrac{1}{5}$，周期不变

5. 已知一个正弦交流电压波形如图 F4-2 所示，其瞬时值表达式为 （　　）.

A. $u = 10\sin\left(2\pi t - \dfrac{\pi}{2}\right)$V

B. $u = -10\sin\left(2\pi t - \dfrac{\pi}{2}\right)$V

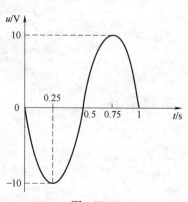

图　F4-2

C. $u = 10\sin(2\pi t + \pi)$ V

D. $u = -10\sin\left(2\pi t + \dfrac{\pi}{2}\right)$ V

三、利用坐标变换的方法，根据函数 $y = \sin x$ 的图像画出函数 $y = \dfrac{1}{3}\sin\left(2x + \dfrac{\pi}{4}\right)$ 在一个周期内的图像，并指出它的振幅、周期和起点坐标.

四、已知 $u_1 = 5\sin(314t - 30°)$ V，$u_2 = -3\sin(314t + 30°)$ V，试比较 u_1 和 u_2 的相位差.

五、已知某正弦量 u 与时间 t 的函数是 $u = 311\sin\left(314t + \dfrac{\pi}{6}\right)$.

1. 试求：电压的最大值 U_m、角频率 ω、周期 T、频率 f 和初相位 φ；

2. 当 $t = 0$ 和 $t = 0.04$s 时，它的瞬时值各为多少？

六、可用双踪示波器测得两个同频率的正弦电压的波形如图 F4-3 所示，已知示波器面板的"时间选择"旋钮置于"0.5ms/格"档，"Y 轴坐标"旋钮置于"10V/格"档，试写出 u_1 和 u_2 的瞬时值表达式．

1. 频率：由图 F4-4 可知，两个电压的一个周期在屏幕上都占 8 格，所以它们的 T、f 及 ω 均相同，均为 $T =$ _____，$f =$ _____，$\omega =$ _____．

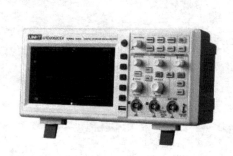

图 F4-3

图 F4-4

2. 最大值：U_{1m} 在图上占 2 格，U_{2m} 占 3 格，所以 $U_{1m} =$ _____，$U_{2m} =$ _____．

3. 初相：当选择计时起点与 u_2 零点重合时，有 $\varphi_2 = 0$；因 u_2 超前 u_1 一个方格，所以 u_1 的初相为 $\varphi_1 = \dfrac{1}{8} \times 2\pi = \dfrac{\pi}{4}$，故这两个正弦电压的瞬时值表达式为 $u_1 =$ _____ _____，$u_2 =$ _____．

课题五 直角三角形及其应用

一、填空题

1. 在 Rt$\triangle ABC$ 中，$\angle C = 90°$．若 $a = 5$，$b = 12$，则 $c =$ _____；若 $b = 8$，$c = 17$，则 $a =$ _____．

2. 如果梯子的底端离建筑物 9m，那么 15m 长的梯子可到达建筑物的高度是_____．

3. 直角三角形的三边长为连续偶数，则其周长为_____．

4. 在 RLC 串联电路中，其中 S，P，Q 三者之间的关系式为_____．

5. 电压三角形、阻抗三角形、功率三角形是_____．

二、选择题

1. 下列四组线段中，可以构成直角三角形的是（   ）．

A. 1，2，3   B. 2，3，4   C. 3，4，5   D. 4，5，6

2. $\triangle ABC$ 中，$AB = 6$，$AC = 8$，$BC = 10$，则该三角形为（   ）．

A. 锐角三角形   B. 直角三角形   C. 钝角三角形   D. 等腰直角三角形

3. 直角三角形两条直角边长为 3cm 和 4cm，斜边上的高为（   ）．

A. 3cm   B. 2cm   C. 2.4cm   D. 3.6cm

4. 在 RLC 串联电路中，视在功率 S，有功功率 P，无功功率 Q_C、Q_L 四者之间的关系是（   ）．

A. $S = P + Q_L + Q_C$ B. $S = P + Q_L - Q_C$

C. $S^2 = P^2 + (Q_L + Q_C)^2$ D. $S^2 = P^2 + (Q_L - Q_C)^2$

5. 下列结论错误的是（   ）．

A. 三个角度之比为 $1:2:3$ 的三角形是直角三角形

B. 三条边长之比为 $3:4:5$ 的三角形是直角三角形

C. 三条边长之比为 $8:16:17$ 的三角形是直角三角形

D. 三个角度之比为 $1:1:2$ 的三角形是直角三角形

三、在某一平地上，有一棵高 8m 的大树，一棵高 3m 的小树，两树之间相距 12m．今有一只小鸟在其中一棵树的树梢上，要飞到另一棵树的树梢上，问它飞行的最短距离是多少？（画出草图然后解答）

四、在 RL 串联正弦交流电路中，已知电阻 $R = 6\Omega$，感抗 $X_L = 8\Omega$.

1. 求电路阻抗 Z；

2. 若把它接在 $u = 20\sqrt{2}\sin\left(314t + \dfrac{\pi}{6}\right)$V 的电源上，则电路中电流、电阻上电压、电感上电压分别为多少？

一、轮船从海中岛 A 出发，先向北航行 9km，又往西航行 9km，由于遇到冰山，只好又向南航行 4km，再向西航行 6km，再折向北航行 2km，最后又向西航行 9km，到达目的地 B，求 A、B 两地间的距离.

二、如图 F4-5 所示，东西两炮台 A、B 相距 2000m，同时发现入侵敌舰 C，炮台 A 测得敌舰 C 在它的南偏东 $40°$ 的方向上，炮台 B 测得敌舰 C 在它的正南方，试求敌舰与两炮台的距离.（$\tan 50° \approx 1.192$，$\cos 50° \approx 0.6428$，精确到 1m）

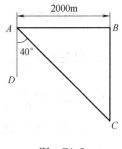

图　F4-5

三、在 RL 串联正弦交流电路中，已知电阻 $R = 3\Omega$，感抗 $X_L = 4\Omega$，那么电路阻抗为多大？如果电压 $U = 20V$，则电阻上的电压 U_R、电感上的电压 U_L 各为多少？

一、填空题

1. 若角 α 终边过点 $P(1,-2)$，则 $\sin\alpha = \underline{\hspace{2cm}}$，$\cos\alpha = \underline{\hspace{2cm}}$，$\tan\alpha = \underline{\hspace{2cm}}$.

2. $y = \sin\left(\omega x - \dfrac{\pi}{6}\right)$ 的最小正周期为 $\dfrac{\pi}{5}$，其中 $\omega = \underline{\hspace{2cm}}$.

3. 若 $\sin(\pi + \theta) = \dfrac{3}{5}$，则 $\cos(\pi + \theta) = \underline{\hspace{2cm}}$.

4. 已知 $\sin\alpha\cos\alpha = \dfrac{1}{8}$，且 $\dfrac{\pi}{4} < \alpha < \dfrac{\pi}{2}$，则 $\cos\alpha - \sin\alpha = \underline{\hspace{2cm}}$.

5. 已知 $\pi < \alpha + \beta < \dfrac{4\pi}{3}$，$-\pi < \alpha - \beta < -\dfrac{\pi}{3}$，则 2α 的取值范围是 $\underline{\hspace{2cm}}$.

6. 已知角 α 终边过点 $P(3, \sqrt{3})$，则与 α 终边相同的角的集合是 $\underline{\hspace{2cm}}$.

二、选择题

1. 为得到函数 $y = \sin\left(x + \dfrac{\pi}{6}\right)$ 的图像，只需将函数 $y = \sin x$ 的图像（　　）.

A. 向左平移 $\dfrac{\pi}{6}$ 个单位长度 　　　　　　B. 向左平移 $\dfrac{5\pi}{6}$ 个单位长度

C. 向右平移 $\dfrac{\pi}{6}$ 个单位长度 　　　　　　D. 向右平移 $\dfrac{5\pi}{6}$ 个单位长度

2. 若 $\sin\alpha < 0$，且 $\tan\alpha > 0$，则 α 是（　　）.

A. 第一象限角 　　B. 第二象限角 　　C. 第三象限角 　　D. 第四象限角

3. $\sin 330°$ 等于（　　）.

A. $-\dfrac{\sqrt{3}}{2}$ 　　　　B. $-\dfrac{1}{2}$ 　　　　C. $\dfrac{1}{2}$ 　　　　D. $\dfrac{\sqrt{3}}{2}$

4. 把函数 $y = \sin x$（$x \in \mathbf{R}$）的图像上所有点向左平移个 $\dfrac{\pi}{3}$ 单位长度，再把图像上所有点的横坐标缩短到原来的 $\dfrac{1}{2}$（以上纵坐标不变），得到的图像所表示的函数是（　　）.

A. $y = \sin\left(2x - \dfrac{\pi}{3}\right)$（$x \in \mathbf{R}$） 　　　　B. $y = \sin\left(\dfrac{x}{2} + \dfrac{\pi}{6}\right)$（$x \in \mathbf{R}$）

C. $y = \sin\left(2x + \dfrac{\pi}{3}\right)$（$x \in \mathbf{R}$） 　　　　D. $y = \sin\left(2x + \dfrac{2\pi}{3}\right)$（$x \in \mathbf{R}$）

5. 将分针拨快 $5\min$，则分针转过的弧度数是（　　）.

A. $\dfrac{\pi}{3}$ 　　　　B. $-\dfrac{\pi}{3}$ 　　　　C. $\dfrac{\pi}{6}$ 　　　　D. $-\dfrac{\pi}{6}$

6. 已知角 α 的余弦值是单位长度的有向线段，那么角 α 的终边（　　）.

A. 在 x 轴上 　　　　　　　　B. 在直线 $y = x$ 上

C. 在 y 轴上   D. 在直线 $y = x$ 或 $y = -x$ 上

7. 要得到 $y = 3\sin\left(x + \dfrac{\pi}{4}\right)$ 的图像只需将 $y = 3\sin x$ 的图像 (   ).

A. 向左平移 $\dfrac{\pi}{4}$ 个单位长度   B. 向右平移 $\dfrac{\pi}{4}$ 个单位长度

C. 向左平移 $\dfrac{\pi}{8}$ 个单位长度   D. 向右平移 $\dfrac{\pi}{8}$ 个单位长度

8. 化简 $\sqrt{1 - \sin^2 160°}$ 的结果是 (   ).

A. $\cos 160°$ B. $-\cos 160°$

C. $\pm\cos 160°$ D. $\pm\left|\cos 160°\right|$

9. 将 $300°$ 化为弧度数为 (   ).

A. $\dfrac{4\pi}{3}$ B. $\dfrac{5\pi}{3}$ C. $\dfrac{7\pi}{6}$ D. $\dfrac{7\pi}{4}$

10. 如果 α 在第三象限, 则 $\dfrac{\alpha}{2}$ 必定在 (   ).

A. 第一或第二象限   B. 第一或第三象限

C. 第三或第四象限   D. 第二或第四象限

三、已知一正弦电动势最大值为 220V, 频率为 50Hz, 初相位为 $30°$, 试写出此电动势的解析式, 绘出波形图, 并求出 $t = 0$ 时的瞬时值.

四、交流电流 $i(A)$ 随时间 $t(s)$ 变化的函数关系是 $i = 5\sin\left(100\pi t + \dfrac{\pi}{3}\right)A$, $t \in [0, +\infty)$.

1. 求电流变化的周期、频率、角频率、最大值、初相;

2. 求当 $t = 0$, $\dfrac{1}{600}$s, $\dfrac{1}{60}$s 时的电流 i 值.

模块五 电学中的"虚数"

课题一 认识复数及复平面

课堂练习

一、利用虚数单位 i 的性质和"同底数幂相乘,底数不变,指数相加"的运算法则,进行下面的计算.

$i^6 =$ _____ = _____ = _____; $i^7 =$ _____ = _____ = _____;

$i^{13} =$ _____ = _____ = _____; $i^{100} =$ _____ = _____ = _____.

二、选择题

1. 复数 $z = \sqrt{3} + i^2$ 对应点在复平面的 (   ).

A. 第一象限   B. 实轴上   C. 虚轴上   D. 第四象限

2. a 为正实数,i 为虚数单位, $z = 1 - ai$,若 $|z| = 2$,则 a 等于 (   ).

A. 2   B. $\sqrt{3}$ C. $\sqrt{2}$ D. 1

3. a、b 为实数,若复数 $1 + 2i = (a - b) + (a + b)i$,则 (   ).

A. $a = \dfrac{3}{2}$, $b = \dfrac{1}{2}$ B. $a = 3$, $b = 1$ C. $a = \dfrac{1}{2}$, $b = \dfrac{3}{2}$ D. $a = 1$, $b = 3$

4. 复数 $z = \dfrac{1}{2} + \dfrac{1}{2}i$ 在复平面内对应的点位于 (   ).

A. 第一象限   B. 第二象限   C. 第三象限   D. 第四象限

5. 设 $z_1 = 3 - 4i$, $z_2 = -2 + 3i$,则 $z_1 + z_2$ 在复平面内对应的点位于 (   ).

A. 第一象限   B. 第二象限   C. 第三象限   D. 第四象限

一、填空题

1. 在复平面内表示复数 $z = (m-3) + 2\sqrt{m}\,i$ 的点在直线 $y = x$ 上，则实数 m 的值为___

___.

2. 设复数 z 满足 $i(z+1) = -3 + 2i$，则 z 的实部是___.

3. 已知复数 $z_1 = (a^2 - 2) + (a-4)i$，$z_2 = a - (a^2 - 2)i$，$a \in \mathbf{R}$，且 $z_1 - z_2$ 为纯虚数，则 $a =$ ___.

二、 从下面给出的数值中，判断说明哪个可以表示电阻，哪个可以表示阻抗，哪个可以表示容抗，哪个可以表示感抗？并在表 F5-1 中填写其实部与虚部，画出其在复平面中的草图.

$$j3; \quad \frac{15}{4} + j3; \quad j(\sqrt{6}-3); \quad -j^2 4; \quad -6 - j^2 11; \quad j^4 2\frac{1}{3}$$

表示电阻：_____;

表示阻抗：_____;

表示容抗：_____;

表示感抗：_____.

表 F5-1

复数	实部	虚部	复数	实部	虚部
$j3$			$-j^2 4$		
$\frac{15}{4} + j3$			$-6 - j^2 11$		
$j(\sqrt{6}-3)$			$j^4 2\frac{1}{3}$		

课题二 复数的向量形式及应用

课堂练习

一、填空题

1. 某复数 $z = 6 + 8i$，则该复数的模 r 为_____，该复数的辐角主值 θ 为_____，在第_____象限.

2. 已知正弦交流电压 $u = \sqrt{2}U\sin(\omega t + \varphi)$，其有效值复数形式为_____，最大值复数形式为_____.

3. 画相量图时，通常取_____（顺或逆）时针转动的角度为正.

二、选择题

1. 如图 F5-1 所示，根据相量图可知，交流电压 u_1 和 u_2 的相位关系为（   ）.

    A. u_1 比 u_2 超前 75°   B. u_1 比 u_2 滞后 75°

    C. u_1 比 u_2 超前 30°   D. 无法确定

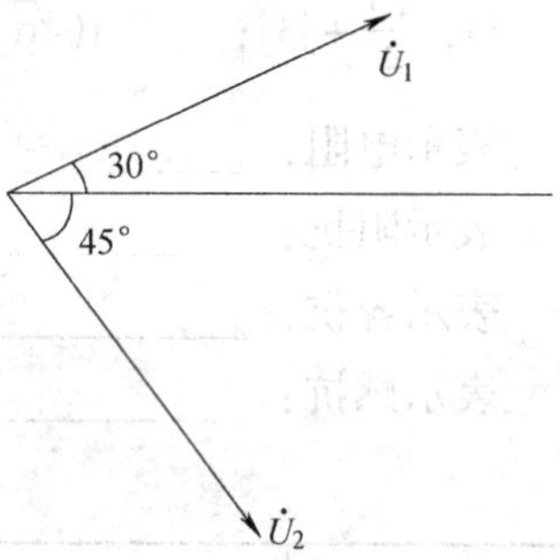

2. 同一相量图中的两个正弦交流电，（   ）必须相同.

    A. 有效值   B. 初相   C. 频率   D. 相位

三、将一对共轭复数 $z = 2 + 3i$ 与 $\bar{z} = 2 - 3i$ 用向量表示出来，计算它们的模，并观察它们所对应的向量有何特点. 如果将这对共轭复数推广到任意一对共轭复数 $z = a + bi$ 与 $\bar{z} = a - bi$，它们的模和它们在复平面上所对应的向量有何特点？

图 F5-1

一、求出下列各复数的辐角主值，并在复平面上用向量进行表示.

1. 4；

2. $-3i$；

3. $\sqrt{2} + \sqrt{2}i$.

二、已知 $u_1 = 300\sqrt{2}\sin(\omega t + 30°)\,\mathrm{V}$，$u_2 = 220\sqrt{2}\sin(\omega t - 90°)\,\mathrm{V}$，用复数的极坐标形式表示相量，并画出相量图.

课题三 复数的四种表示形式及相互转换

课堂练习

一、判断题

1. 两个复数的模相等，则这两个复数相等. ( )
2. 两个复数的阻抗相等，则这两个复数也相等. ( )
3. 在电工学中，辐角主值的范围是 $-\pi \leqslant \theta \leqslant \pi$. ( )
4. 复阻抗 $\overline{Z} = R + jX$（R、X 不全为零）的辐角仅有一个主值. ( )
5. 复数的极坐标形式、指数形式、三角形式中 θ 的单位可以取弧度，也可以取度；θ 可以是正角，也可以是负角. ( )

二、填空题

某复数 $z = 3 + \sqrt{3}j$，则该复数的极坐标形式为＿＿＿＿＿＿＿＿，复数的三角形式为＿＿＿＿＿＿＿＿＿＿，该复数模 $r =$ ＿＿＿＿＿＿＿＿，辐角主值 $\theta =$ ＿＿＿＿＿＿＿＿，实部 $a =$ ＿＿＿＿＿＿＿＿，虚部 $b =$ ＿＿＿＿＿＿＿＿，在复平面上相量图为＿＿＿＿＿＿＿＿＿＿＿.

三、选择题

1. 将复数 $A = 200 \angle 60°$ 化为代数形式为（ ）.

A. $100 + 173i$ B. $100 - 173i$

C. $-100 + 173i$ D. $-100 - 173i$

2. 将复数 $Z = r \angle \theta$ 化为三角形式为（ ）.

A. $r\cos\theta + r\sin\theta i$ B. $r\cos\theta - r\sin\theta i$

C. $-r\cos\theta + r\sin\theta i$ D. $-r\cos\theta - r\sin\theta i$

四、将下列复数用极坐标表示

1. $2 + i$;

2. $-2 + 2i$;

3. $-1-2i;$

4. $3-2i.$

五、将下列复数变换成代数式及三角形式

1. $4\angle 30°;$

2. $4\angle 150°;$

3. $4\angle -150°.$

一、阻抗 $\sqrt{3}\left(\cos\dfrac{\pi}{3}-\sin\dfrac{\pi}{3}\right)$ 是三角形式吗？如果不是，将其表示成三角形式．

二、求如图 F5-2 所示的复阻抗 $\overline{Z}_{AB}$．

图　F5-2

三、图 F5-3 所示为交流电路，已知：电阻 $R=120\Omega$，电感 $L=0.6\mathrm{H}$，频率 $f=50\mathrm{Hz}$，电容 $C=20\mu\mathrm{F}$．计算总阻抗 Z，并把结果化为复数的三角形式、极坐标形式及指数形式．

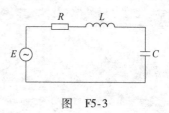

图　F5-3

课题四 复数的加减运算

一、填空题

1. 复数 $4+3i$ 与 $-2-5i$ 分别表示向量 $\overrightarrow{OA}$ 与 $\overrightarrow{OB}$，则向量 $\overrightarrow{OA}+\overrightarrow{OB}$ 表示的复数是 _____ _____.

2. 复数向量形式的加减运算采用的是 _____ 法则.

3. 若复数 $z=1-2i$，则 $z\bar{z}+z=$ _____.

二、选择题

1. 已知 $z_1=a+bi$、$z_2=c+di$，若 z_1-z_2 是纯虚数，则有 （　　）.

A. $a-c=0$ 且 $b-d\neq0$　　　　B. $a-c=0$ 且 $b+d\neq0$

C. $a+c=0$ 且 $b-d\neq0$　　　　D. $a+c=0$ 且 $b+d\neq0$

2. 已知复数 $z_1=3+2i$、$z_2=1-3i$，则复数 $z=z_1-z_2$ 在复平面内，对应的点位于复平面内的 （　　）.

A. 第一象限　　B. 第二象限　　C. 第三象限　　D. 第四象限

3. 已知 $z_1=m^2-3m+m^2i$、$z_2=4+(5m+6)i$，其中 m 为实数，若 $z_1-z_2=0$，则 m 的值为 （　　）.

A. 4　　　　B. -1　　　　C. 6　　　　D. 0

4. 若复数 z 满足 $z+i-3=3-i$，则 z 等于 （　　）.

A. 0　　　　B. $2i$　　　　C. 6　　　　D. $6-2i$

5. 若 $x-2+yi$ 和 $3-i$ 互为共轭复数，则实数 x 与 y 的值是 （　　）.

A. $x=3$，$y=3$　　　　　　B. $x=5$，$y=1$

C. $x=-1$，$y=-1$　　　　D. $x=-1$，$y=1$

一、已知两复数 $z_1 = 12 - j5$，$z_2 = 6 + j4$. 求：

1. $z_1 + z_2$；   2. $z_1 - z_2$.

二、已知正弦电流所对应的复数电流分别为 $\dot{I}_1 = (3 + j4)\,\mathrm{A}$，$\dot{I}_2 = 4.25 \angle 45°\mathrm{A}$.
求 $\dot{I} = \dot{I}_1 + \dot{I}_2$，并作图.

课题五　复数的乘除运算

一、填空题

1. i 是虚数单位，$\dfrac{-5+10i}{3+4i}=$ _____（用 $a+bi$ 形式表示，a，$b\in \mathbf{R}$）.

2. 若 $z_1=a+2i$，$z_2=3-4i$ 且 $\dfrac{z_1}{z_2}$ 为纯虚数，则实数 a 的值为 _____.

3. 若 $z_1=r_1\angle\theta_1$，$z_2=r_2\angle\theta_2$，则 $z_1\cdot z_2=$ _____，$\dfrac{z_1}{z_2}=$ _____.

4. 若 $z_1=r_1(\cos\theta_1+j\sin\theta_1)$，$z_2=r_2(\cos\theta_2+j\sin\theta_2)$，则 $z_1\cdot z_2=$ _____，

$\dfrac{z_1}{z_2}=$ _____.

二、选择题

1. 若复数 z 满足 $(1-i)z=2i$，则 z 等于（　　）.

A. $-1+i$ 　　　　B. $-1-i$ 　　　　C. $1+i$ 　　　　D. $1-i$

2. 若复数 $z=2i+\dfrac{2}{1+i}$，其中 i 是虚数单位，则复数 z 的模为（　　）.

A. $\dfrac{\sqrt{2}}{2}$ 　　　　B. $\sqrt{2}$ 　　　　C. $\sqrt{3}$ 　　　　D. 2

3. 复数 $z=\dfrac{(1+2i)^2}{1-i}$ 对应的点在复平面的第（　　）象限.

A. 四 　　　　B. 三 　　　　C. 二 　　　　D. 一

4. 复数 $\dfrac{7+i}{3+4i}$ 等于（　　）.

A. $1-i$ 　　B. $-1+i$ 　　C. $\dfrac{17}{25}+\dfrac{31}{25}i$ 　　D. $-\dfrac{17}{7}+\dfrac{25}{7}i$

三、已知：$A=20\angle 50°$，$B=5\angle -30°$，求 $A\cdot B$，$\dfrac{A}{B}$.

一、计算下列各式

1. $3e^{i\frac{\pi}{2}} \cdot 2e^{i\frac{\pi}{3}} \cdot 5e^{-i\frac{\pi}{4}}$;

2. $12\left(\cos\frac{7\pi}{4} + i\sin\frac{7\pi}{4}\right)^2 \times \frac{2}{3}\left(\cos\frac{\pi}{3} + i\sin\frac{\pi}{3}\right)$;

3. $\left[25\angle\frac{2\pi}{3}\right] \times \left[\frac{2}{5}\angle\frac{\pi}{6}\right] \times \left[\frac{7}{10}\angle\frac{3\pi}{4}\right]$.

二、求复数 $z_1 = 5\angle 30°$ 和 $z_2 = 2\angle 15°$ 的乘积,并在复平面内进行表示.

三、已知：交流电路中的三个并联电阻的复阻抗分别为 $\overline{z_1} = 25 + \mathrm{j}12$，$\overline{z_2} = 32 - \mathrm{j}12$，$\overline{z_3} = 42 + \mathrm{j}34$，与三个并联电阻等效的复阻抗 $\overline{Z}$ 满足关系式

$$\frac{1}{\overline{Z}} = \frac{1}{\overline{Z_1}} + \frac{1}{\overline{Z_2}} + \frac{1}{\overline{Z_3}}$$

求：复阻抗 $\overline{Z}$.

四、已知：电压 $u = 50\sin(2t - 30°)\,\mathrm{V}$，电流 $i = 10\sin(2t + 30°)\,\mathrm{A}$. 求：

1. 元件的复阻抗 $\overline{Z}$.

2. 说明阻抗的性质.

3. 画出相量图.

一、选择题

1. 若 $f(x) = x^3 - x^2 + x - 1$，则 $f(i)$ 等于（　　）.

A. $2i$　　　　　B. 0　　　　　C. $-2i$　　　　　D. -2

2. 复数 $z = \dfrac{2-i}{1+i}$ 在复平面内对应的点位于第（　　）象限.

A. 一　　　　　B. 二　　　　　C. 三　　　　　D. 四

3. 复数 $z = \tan 45° - \sin 60° i$，则 z^2 等于（　　）.

A. $\dfrac{7}{4} - \sqrt{3}i$　　B. $\dfrac{1}{4} - \sqrt{3}i$　　C. $\dfrac{7}{4} + \sqrt{3}i$　　D. $\dfrac{1}{4} + \sqrt{3}i$

4. 过原点和 $\sqrt{3} - i$，在复平面内对应的直线的倾斜角为（　　）.

A. $\dfrac{\pi}{6}$　　　　B. $-\dfrac{\pi}{6}$　　　　C. $\dfrac{2\pi}{3}$　　　　D. $\dfrac{5\pi}{6}$

5. 已知复数 $z_1 = 3 - bi$，$z_2 = 1 - 2i$，若 $\dfrac{z_1}{z_2}$ 是实数，则实数 b 的值为（　　）.

A. 6　　　　　B. -6　　　　　C. 0　　　　　D. $\dfrac{1}{6}$

二、已知：$C = 10\angle 30°$，$D = 20\angle -30°$. 求 $C + D$，$C - D$，$C \cdot D$，$\dfrac{C}{D}$.

三、已知：$i_1 = 30\sqrt{2}\sin \omega t\,\text{A}$，$i_2 = 40\sqrt{2}\sin(\omega t + 90°)\,\text{A}$，求两正弦交流电的和.

四、已知：电流相量为 $\dot{I} = 10 \angle 30° \text{A}$，求它的有效值、初相、解析式.

五、求复数 $z_1 = 5 \angle 30°$ 和 $z_2 = 2 \angle 15°$ 的乘积，并在复平面内进行表示.

六、在 RL 串联电路中，已知 $R = 16\Omega$，$X_L = 12\Omega$，接在 $u = 220\sqrt{2}\sin(\omega t + 60°)\text{V}$ 电源上，求电路中的电流大小，并写出它的解析式.

模块六　逻辑代数基础

课题一　数 制 家 族

课堂练习

一、填空题

1. 二进制数只有_____和_____两种数码，计数基数是_____.

2. 二进制数转换为十进制数时，是将二进制数按_____展开，再把所有各项的数值按_____进制数相加所得.

3. 十进制数转换为二进制数时，整数转换的方法是_____，小数转换的方法是_____.

4. 二进制的进位规律是_____，十进制的进位规律是_____，进位基数是_____.

5. 数字信号可以用_____和_____两种数码表示.

二、选择题

1. 十进制数 1986 中第二位的"权"是（　　）.

A. 8×10^2 　　　　　　　　B. 8×10^3

C. 10^1 　　　　　　　　　　D. 8×10^1

2. 二进制数 11101 中，第三位的"权"是（　　）.

A. 2×10^0 　　　　　　　B. 10^1

C. 2^2 　　　　　　　　　　D. 2^3

3. 由二进制数转化成十进制数时，使用的方法是（　　）.

A. 乘二取整法 　　　　　　B. 除二取余法

C. 按权展开法

4. 将二进制 $(1110100)_2$ 转换成十进制数是（　　）.

A. 15 　　　　　　　　　　B. 116

C. 110 　　　　　　　　　　D. 74

三、表 F6-1 是 5 位同学交作业情况的统计表，如果交作业用 1 表示，未交作业用 0 表示，试用二进制数表示每位同学的交作业情况，填入表 F6-2 中.

表 F6-1

姓名	次 数							
	1	2	3	4	5	6	7	8
李 华	交	交	交	未交	交	交	交	未交
张文丽	交	未交	交	交	交	交	交	交
刘 强	交	交	交	交	交	交	未交	交
王 菲	交	交	交	交	交	未交	交	交
邓婷婷	交	未交	交	未交	未交	交	交	交

表 F6-2

姓名	次 数							
	1	2	3	4	5	6	7	8
李 华								
张文丽								
刘 强								
王 菲								
邓婷婷								

四、求下列二进制数的算术运算结果

1. $0+1+1$；

2. $1 \times 0 \times 1$；

3. $101+1101$.

五、计算题

1. 将下列二进制数转换成十进制数.

（1）$(1100110)_2$；

（2）$(01010)_2 + (10101)_2$；

（3）$(11001)_2 + (10000101)_2$；

（4）$(011011)_2$.

2. 将下列十进制数转换成二进制数.

（1）$(36)_{10}$；

(2) $(27)_{10}$;

(3) $(208)_{10}$;

(4) $(13.75)_{10}$.

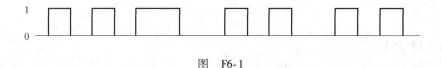

闯关练习

一、选择题

1. $(386.02)_D$ 是 (   ).

A. 二进制数   B. 十进制数   C. 八进制数   D. 十六进制数

2. 路口的红绿灯，如果规定灯亮用 1 表示，灯灭用 0 表示，则 001（从左至右分别代表红灯、黄灯、绿灯的状态）表示为 (   ).

A. 通行   B. 禁止通行   C. 状态不定

3. 由二进制数转化成十进制数时，使用的方法是 (   ).

A. 乘二取整法   B. 除二取余法   C. 按权展开法

二、用"1"表示高电平，用"0"表示低电平，试用二进制数表示图 F6-1 所示波形代表的信号.

图   F6-1

三、计算题

1. 将下列各数用权的形式表示出来.

$(305.102)_{10} =$

$(1180.01)_{10} =$

$(11011.101)_2 =$

$(101.11)_2 =$

$(327.05)_8 =$

$(5A9.42)_{16} =$

2. 将下列各数转换成等效的二进制数.

$(54.125)_{10} =$

$(13.436)_{10} =$

课题二 逻辑代数的三种基本运算

课堂练习

一、填空题

1. 逻辑代数中三种基本逻辑运算是_____运算、_____运算、_____运算.

2. 用与或非等运算表示函数中各个变量之间描述逻辑关系的代数式叫作_____.

3. 当与逻辑运算输入中有 0 时，其输出为_____.

4. 当或逻辑运算输入中有 1 时，其输出为_____.

二、选择题

1. 在逻辑运算中，只有两种逻辑取值，它们是（　　）.

A. 0V 和 5V　　　　　　B. 负电位和正　　　　　　C. 0 和 1

2. 在逻辑电路中有三种基本逻辑关系，它们是（　　）.

A. 与或非逻辑　　　　　　B. 与、与非、或非逻辑

C. 逻辑乘、逻辑加、逻辑或

3. 与逻辑的表达式为（　　）.

A. $Y = A + B$　　　　　　　B. $Y = A \cdot B$

C. $Y = A \cdot \overline{B}$　　　　　　　D. $Y = \overline{A} + \overline{B}$

4. 或逻辑的表达式为（　　）.

A. $Y = A + B$　　　　　　　B. $Y = A \cdot B$

C. $Y = A \cdot \overline{B}$　　　　　　　D. $Y = \overline{A} + \overline{B}$

5. 与门逻辑电路的逻辑符号为下图中的（　　）.

A. 　　　　　　B.

C. 　　　　　　D.

三、指出下列描述中所包含的逻辑关系，并用表来表示它们之间的逻辑关系.

1. 甲乙两个人同时上网，才能在网上聊天.

2. 书记或院长都可以参加这个会议.

3. 小张去游泳，我就不去.

闯关练习

一、选择题

1. 如图 F6-2 所示，灯 H 与开关 A、B 间的关系为（　　）.

A. $H = AB$ 　　　B. $H = A + B$ 　　　C. $H = \overline{A}$ 　　　D. $H = \overline{B}$

2. 图 F6-2 中灯 H 与开关 A、B 间的关系所对应的逻辑图形符号为（　　）.

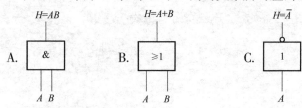

3. 若 A 为任意逻辑变量（A 只能取 0 或 1），则 A 满足的关系式为（　　）.

A. $A + 1 = A$ 　　　B. $A + 0 = A$ 　　　C. $A \cdot 1 = 1$ 　　　D. $A \cdot 0 = A$

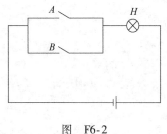

图 F6-2

表 F6-3

A	B	Y
0	0	0
0	1	1
1	0	1
1	1	1

4. 下列真值表（见表 F6-3）中所对应的逻辑关系是（　　）.

A. 与关系 　　　B. 或关系 　　　C. 非关系 　　　D. 与或关系

二、指出下列描述中所包含的逻辑关系，并画出它们的逻辑图形符号.

1. 李明和赵丽都能做这个实验.

2. 出去旅游，既要有时间，又要有钱.

3. 小张和小王只能有一个人去参加这个会议.

4. 计算机室原只有一扇门 A，为了安全起见又外加了一扇门 B，现进入计算机室.

三、图 F6-3 所示为数控电机控制电路，电源开关和过载保护开关都有各自的控制系统，如图 F6-3a 所示，原理简图如图 F6-3b 所示，通过观察试说明此图实现的是哪种逻辑功能？

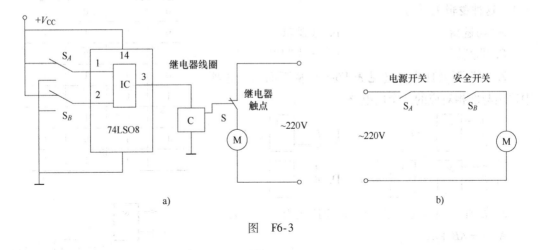

图　F6-3

课题三 逻辑代数的表示方法

课堂练习

一、填空题

1. 逻辑电路输出与输入间的逻辑关系，可用＿＿＿＿＿＿＿＿＿、＿＿＿＿＿＿＿＿＿、逻辑图三种方法表示.

2. 与门电路具有"有＿＿＿＿出＿＿＿＿，全＿＿＿＿出＿＿＿＿"的逻辑功能.

3. 或门电路具有"有＿＿＿＿出＿＿＿＿，全＿＿＿＿出＿＿＿＿"的逻辑功能.

4. 非门电路具有"入＿＿＿＿出＿＿＿＿，入＿＿＿＿出＿＿＿＿"的逻辑功能.

5. 保密室有两把锁，两个保密员各管一把锁的钥匙，必须二人同时打开锁才能进保密室，这种逻辑关系为＿＿＿＿＿＿＿＿＿，可写成逻辑表达式为＿＿＿＿＿＿＿＿＿.

二、选择题

1. 仅当全部输入均为 0 时，输出才为 0，否则输出为 1，这种逻辑关系为（　　）.

A. 与逻辑　　　　　　　　B. 或逻辑

C. 非逻辑　　　　　　　　D. 异或逻辑

表 F6-4

A	B	C	Y
0	0	0	0
0	0	1	1
0	1	0	1
0	1	1	1
1	0	0	1
1	0	1	1
1	1	0	1
1	1	1	1

2. 根据下列真值表（见表 F6-4）从下面四个选项中选出与之相对应的一个门电路（　　）.

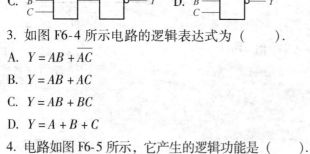

3. 如图 F6-4 所示电路的逻辑表达式为（　　）.

A. $Y = AB + \overline{AC}$

B. $Y = AB + AC$

C. $Y = AB + BC$

D. $Y = A + B + C$

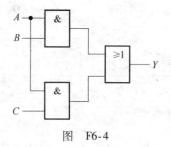

图　F6-4

4. 电路如图 F6-5 所示，它产生的逻辑功能是（　　）.

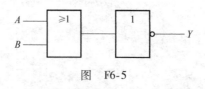

图　F6-5

A. 与非逻辑　　　　B. 或非逻辑　　　　C. 或逻辑　　　　D. 与逻辑

三、判断题

1. $Y = \overline{A + B}$ 是与或表达式.   (   )

2. 写 $Y = \overline{A + B}$ 的真值表时,有 4 种不同的状态赋值.   (   )

3. 由逻辑函数表达式写真值表时,原变量用 0 表示,反变量用 1 表示.   (   )

4. 不同的逻辑函数表达式可以有相同的真值表.   (   )

5. 由四变量真值表写逻辑表达式时,对应于"0110"的项为 $\overline{A}BC\overline{D}$.   (   )

一、完成逻辑函数 $Y = \overline{A}\,\overline{B} + AC$ 的真值表（见表 F6-5），并画出它们的逻辑图.

表 F6-5

A	B	C	$\overline{A}$	$\overline{B}$	$\overline{A}\,\overline{B}$	AC	Y
0	0	0					
0	0	1					
0	1	0					
0	1	1					
1	0	0					
1	0	1					
1	1	0					
1	1	1					

二、写出与下列真值表（见表 F6-6）相对应的逻辑表达式，并画出逻辑图.

表 F6-6

A	B	C	Y
0	0	0	0
0	0	1	1
0	1	0	1
0	1	1	0
1	0	0	0
1	0	1	0
1	1	0	1
1	1	1	0

三、根据图 F6-6 所示逻辑图写出逻辑函数表达式.

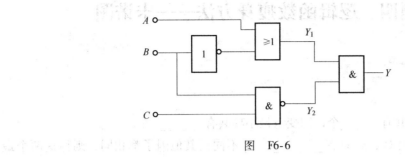

图　F6-6

课题四 逻辑函数瘦身方法——卡诺图

课堂练习

一、填空题

1. 三变量最小项共有_____个，四变量最小项共有_____个.

2. 两个最小项相比较，若只有_____不同而其他因子都相同，则称这两个最小项是_____.

3. 画已知逻辑函数的卡诺图时，凡是使_____的那些最小项，在相应的方格中填1，而对于使_____的那些最小项，则在相应的方格中填0.

4. 用卡诺图时，"圈1"的原则是_____.

二、判断题

1. $\overline{A}BC\overline{D}$ 是四变量最小项.   (　　)

2. 卡诺图中的四个角是逻辑相邻的.   (　　)

3. 任意两个最小项之"与"为0.   (　　)

4. 四变量最小项中 m_5 与 m_8 是逻辑相邻的.   (　　)

5. 任意两个最小项之"或"可以消去一个因子.   (　　)

三、选择题

1. 下列四变量最小项中，(　　) 是逻辑相邻的.

A. m_4，m_5　　　　B. m_4，m_7　　　　C. m_2，m_7　　　　D. m_2，m_{11}

2. 真值表中，二进制数 0101 对应的是 (　　).

A. $\overline{A}BCD$　　　B. $\overline{A}B\overline{C}D$　　　C. $\overline{A}BC\overline{D}$　　　D. $\overline{A}B\overline{C}\overline{D}$

3. 下列逻辑函数表达式中，(　　) 是四变量最小项.

A. $Y_1 = AB\overline{C}D$　　B. $Y_2 = A\overline{A}BD$　　C. $Y_3 = \overline{A}BCD$　　D. $Y_4 = ABC\overline{C}D$

4. 卡诺图（见图 F6-7）中的逻辑函数表达式为 (　　).

AB \ CD	00	01	11	10
00		1	1	
01				
11				
10		1	1	

图　F6-7

A. $\overline{B}\,\overline{D}$　　　　　B. $A\overline{D}$　　　　　C. $\overline{B}D$　　　　　D. AC

5. 卡诺图（见图 F6-8）中的逻辑函数表达式为（   ）.

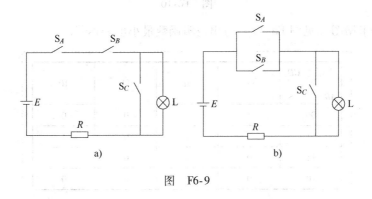

CD \ AB	00	01	11	10
00		1		
01	1	1		
11	1	1		
10		1		

图　F6-8

A. $B\overline{D} + \overline{C}D$　　　B. $B\overline{C} + \overline{C}D$　　　C. $B\overline{C} + C\overline{D}$　　　D. $A\overline{C} + C\overline{D}$

四、三个开关控制一个灯的电路如图 F6-9 所示，试用逻辑代数对该电路进行描述.

图　F6-9

闯关练习

一、画出下列四变量逻辑函数所对应的卡诺图（见图 F6-10）.

$$Y=AB\overline{C}\,\overline{D}+\overline{A}BC\overline{D}+\overline{A}B\overline{C}D+A\overline{B}C\overline{D}$$

AB \ CD	00	01	11	10
00				
01				
11				
10				

图 F6-10

二、根据卡诺图（见图 F6-11）写出逻辑函数最小项表达式.

AB \ CD	00	01	11	10
00	1	0	0	0
01	0	1	0	1
11	0	0	0	1
10	0	1	0	0

图 F6-11

三、根据真值表（见表 F6-7）画出卡诺图.

表 F6-7

A	B	C	Y
0	0	0	1
0	0	1	0
0	1	0	0
0	1	1	1
1	0	0	0
1	0	1	0
1	1	0	1
1	1	1	1

四、根据卡诺图（见图 F6-12 和图 F6-13）写出逻辑函数表达式，并化简.

1.

AB＼CD	00	01	11	10
00	1	1		
01				1
11	1	1	1	1
10	1	1		

图 F6-12

2.

AB＼CD	00	01	11	10
00			1	
01	1	1		
11	1	1		1
10			1	

图 F6-13

五、用卡诺图（见图 F6-14 和图 F6-15）将下列逻辑函数化简为最简"与-或"表达式.

1. $Y = AB(C + D) + ABD + \overline{A}CD + A\overline{B}\overline{C} + \overline{A}\,\overline{B}\,\overline{C}$；

AB＼CD	00	01	11	10
00				
01				
11				
10				

图 F6-14

2. $Y = A\overline{B}C + \overline{A}BD + BCD + AB\overline{C}D + A\overline{B}D + ABC\overline{D}$.

图 F6-15

一、选择题

1. (　　) 电路的逻辑表达式是 $Y = A + B$.

A. 与门　　　　　　B. 或门　　　　　　C. 与非门　　　　　　D. 非门

2. (　　) 电路的逻辑表达式是 $Y = A \cdot B$.

A. 与门　　　　　　B. 或门　　　　　　C. 与非门　　　　　　D. 非门

3. 由二进制转化成十进制时，使用的方法是 (　　).

A. 乘二取整法　　　B. 除二取余法　　　C. 按权展开法

4. 观察路口红绿灯时，如规定灯亮用 1 表示，灯灭用 0 表示，则 001 (从左到右分别代表红灯、黄灯、绿灯的状态) 表示路口车辆通行状态是 (　　).

A. 通行　　　　　　B. 禁止通行　　　　C. 状态不变

二、判断题

1. 二进制数的进位关系是逢二进一，可以 $1 + 1 = 10$.　　　　　　　　(　　)

2. 三种基本逻辑门是与门、或门、非门.　　　　　　　　　　　　　　(　　)

3. 由三个开关并联起来控制一只电灯，电灯的亮暗同三个开关的闭合、断开之间的对应关系属于"与"的逻辑关系.　　　　　　　　　　　　　　　　　(　　)

4. 非门有一个输入端、一个输出端.　　　　　　　　　　　　　　　　(　　)

5. 决定某事件的全部条件同时具备时结果才会发生，这种因果关系称为"或"逻辑.

(　　)

6. 决定某事件的条件只有一个，当条件出现时，事件不发生，而条件不出现时，事件发生，这种因果关系称为"非"逻辑关系.　　　　　　　　　　　　(　　)

三、写出下列各数的按权展开式

1. $(11010)_2$;

2. $(110011)_2$;

3. $(1010110)_2$;

4. $(101.101)_2$.

四、求下列二进制数的算术运算结果

1. $0 + 1 + 1$;

2. $1 \times 0 \times 1$;

3. $101 + 1101$.

五、完成下列二—十进制相互转换

1. $(27)_{10}$;

2. $(13.75)_{10}$;

3. $(1101101)_2$.

六、根据图 F6-16、图 F6-17 写出它们的逻辑函数表达式，并列出真值表.

1.

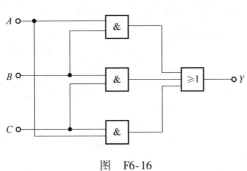

2.

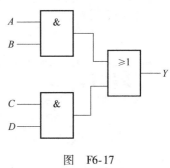

图　F6-16

图　F6-17

七、用连线连接下面所示符号、名称和逻辑功能的对应关系.

与门　　　　　　　　　有 1 出 0，有 0 出 1

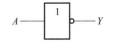

或门　　　　　　　　　有 0 出 0，全 1 出 1

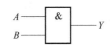

非门　　　　　　　　　有 1 出 1，全 0 出 0

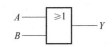